焊接实验教程

主编　徐兴文　李建军

HEUP 哈尔滨工程大学出版社

内 容 简 介

本书包括焊接冶金原理、弧焊电源、焊接方法与设备、焊接结构、压力焊、钎焊、焊接检验、焊接新技术、材料成形与控制工程、材料工程基础等模块。模块中实验类型包括验证性实验、综合性实验和设计性实验。验证性实验的目的是培养学生的实验操作、熟悉设备、数据处理等能力。综合性实验的目的是培养学生综合运用所学知识点解决问题的能力。设计性实验的目的是培养学生的基础科研能力。

本实验教材结合沈阳理工大学教学方针与实验室具体条件针对沈阳理工大学材料科学与工程学院本科生编写。本书也可作为兄弟院校相关专业本科生教材及相关专业专科生和各类焊接专业学生的参考书。

图书在版编目(CIP)数据

焊接实验教程／徐兴文,李建军主编.— 哈尔滨:哈尔滨工程大学出版社,2016.8
ISBN 978 – 7 – 5661 – 1348 – 1

Ⅰ.①焊… Ⅱ.①徐… ②李… Ⅲ.①焊接 – 高等学校 – 教材
Ⅳ.①TG4

中国版本图书馆 CIP 数据核字(2016)第 192062 号

选题策划 卢尚昆
责任编辑 张忠远 马中月
封面设计 恒润设计

出版发行 哈尔滨工程大学出版社
社　　址 哈尔滨市南岗区东大直街 124 号
邮政编码 150001
发行电话 0451 – 82519328
传　　真 0451 – 82519699
经　　销 新华书店
印　　刷 黑龙江龙江传媒有限责任公司
开　　本 787mm×1 092mm　1/16
印　　张 5.75
字　　数 148 千字
版　　次 2016 年 8 月第 1 版
印　　次 2016 年 8 月第 1 次印刷
定　　价 18.00 元

http://www.hrbeupress.com
E-mail:heupress@hrbeu.edu.cn

前　言

近年来,随着国家政治经济体制改革不断完善,工程教育改革的不断深入,材料类专业的实验教学必须适应国家政治经济体制改革的需要。材料成形与控制工程专业的理论知识涉及领域广,其与生产实践结合紧密,实验教学在学生理论知识学习与工程实践能力培养方面起着重要的作用。

由于教育理论、社会需求、设备与技术日新月异,针对焊接专业的实验教学方面,学校应根据自己的课程教学需要和实验设备情况,设计实验项目和实验内容,编制实验教材。本教材的编写正是遵循该原则,并参考兄弟院校实验教学教材,与兄弟院校该领域教师不断探讨,融入实验教学的一些最新的教学改革成果。力求达到该实验教材能满足新形势下高等学校材料成型与控制工程专业焊接方向的实验教学的实际需要。

本教材所设计的实验对应具体专业课,均为必做实验。沈阳理工大学教学特点与专业课的紧密结合,是专业教学的有机组成部分。针对具体实验项目不断加强其实验内容,提高实验类型。其目的是希望学生通过这些实验环节来加深对课本理论知识的理解,熟悉相关设备的操作,培养实践和动手能力。本书在内容上涵盖了焊接专业所涉及的大部分知识,并将相互孤立的知识点串联起来。希望通过试验,培养学生综合运用所学知识解决工程实际问题的能力,充分发挥学生的主观能动性,即能发现问题,提出问题,完善解决方案,直至获得结果。

本教材借鉴许多兄弟院校及材料专家的著作,首先向他们表示衷心的感谢。本教材无论在章节安排上还是内容取材上,由于作者能力有限,书中不足之处在所难免,恳请广大读者批评指正。

编　者
2016 年 6 月

目　　录

第 1 章　焊接冶金原理 ··· 1

实验 1　焊接接头金相组织分析实验 ······································· 1

实验 2　焊接接头综合性能实验 ··· 5

第 2 章　弧焊电源 ·· 15

实验 3　焊接电弧静特性测定实验 ··· 15

实验 4　弧焊电源外特性的测定 ··· 20

第 3 章　焊接方法与设备 ·· 25

实验 5　非熔化极气体保护焊实验 ··· 25

实验 6　熔化极保护焊实验之埋弧焊工艺实验 ····························· 31

实验 7　熔化极气体保护焊设备与工艺实验 ······························· 35

第 4 章　焊接结构 ·· 40

实验 8　焊接结构变形与应力控制实验 ····································· 40

第 5 章　压力焊 ·· 44

实验 9　点焊实验 ··· 44

实验 10　对焊实验 ·· 48

第 6 章　钎焊实验 ·· 52

实验 11　钎料的铺展性实验 ··· 52

第 7 章　焊接检验 ·· 58

实验 12　超声波探伤实验 ··· 58

实验 13　着色法渗透探伤实验 ··· 64

实验 14　磁粉法探伤实验 ··· 68

第 8 章　材料成形与控制工程 ·· 72

实验 15　焊缝金属中扩散氢测定实验 ······································· 72

第 9 章　材料工程基础 ·· 77

实验 16　焊接方法综合实验 ··· 77

附录　A ··· 83

参考文献 ··· 85

第 1 章　焊接冶金原理

实验 1　焊接接头金相组织分析实验

【实验类型】

综合性实验(2 学时)。

【实验目的】

(1)了解焊接接头各区域组织特征;

(2)熟悉金相显微镜分类、原理、构造及操作;

(3)通过对金相组织分析与研究掌握焊接接头各区域典型金相组织的特征。

【实验原理】

焊接接头由焊缝区、熔合区和热影响区(Heat Affected Zone,HAZ)三部分组成,各区域组织特征不同。

1. 焊缝区

焊缝区由熔池金属结晶凝固形成,由于熔池金属冷却速度快且可在运动状态下结晶,因此形成非平衡组织。焊接熔池金属凝固初期,晶体从非熔化区与熔化区交界处的半熔化晶粒上以柱状晶形态联生长大,长大方向与最大散热方向一致。由于熔池金属各部分成分过冷不同,所以凝固形态各异。典型焊缝金属凝固时的结晶形态如图 1-1 所示。

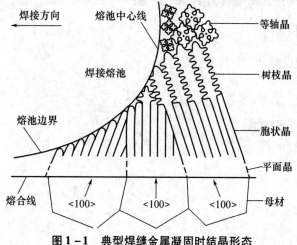

图 1-1　典型焊缝金属凝固时结晶形态

2. 熔合区

熔合区是焊接接头中由焊缝区向母材 HAZ 过渡的区域。熔合区由半熔化区和未混合区组成。熔合区构成及附近各区域相对位置如图 1-2 所示。

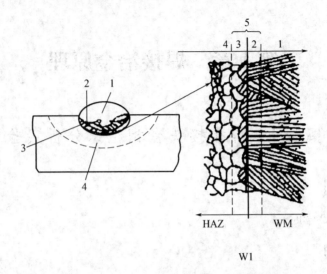

图 1-2　熔合区的构成及附近各区域相对位置示意图

1-焊缝区(富焊条成分);2-焊缝区(富母材成分);3-半熔化区;4-HAZ;

5-熔合区;WM-Weld Metal 焊缝金属;W1-熔合线

3. 热影响区(HAZ)

HAZ 焊是焊缝两侧未经过熔化但组织性能发生变化的区域。由于焊接热影响区不同部位受热不一致,导致内部组织与性能分布不均匀,使其成为焊接接头最薄弱环节,以低碳非淬火钢手工电弧焊空冷为例,焊接热影响区包括过热区、正火区和不完全重结晶区。过热区的温度范围为 1 100~1 490 ℃,在此区间晶粒急剧长大,相应区域组织粗大,焊接接头性能很差;正火区的温度取在 900~1 100 ℃之间,冷却后组织由奥氏体转变为细小的铁素体和珠光体,焊接接头具有较高综合力学性能;不完全重结晶区的温度区在 750~900 ℃之间,冷却时部分奥氏体组织转变为细小的铁素体和珠光体,部分原始铁素体没有发生改变,晶粒大小不均匀,焊接接头的综合力学性能并不很好。

【实验设备及材料】

(1)20 号钢焊接试样;

(2)预磨机;

(3)抛光机;

(4)100-1500 号水砂纸;

(5)抛光布,抛光液;

(6)腐蚀液;

(7)吹风机;

(8)金相显微镜。

【实验内容及步骤】

1.金相试样的制备

（1）取样

在室温下，用手锯和水冷切割机垂直切割焊缝，并在断面上截取金相试样。试样截取区域要包括焊缝、HAZ 和部分母材三部分。试样截取尺寸和位置如图 1-3 所示。

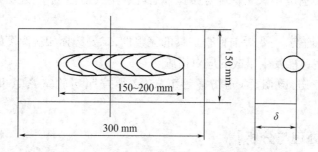

图 1-3　试样截取尺寸及位置

（2）金相试样的预磨、抛光与浸蚀

①预磨

试样截取后，将试样的磨面在砂轮机上磨制成平面（要点：将变形层磨掉，试件尖角倒圆，防止磨削过程过热变色导致组织改变）。

磨面磨制顺序是砂纸由粗到细。每种砂纸磨制时，将砂纸平铺在玻璃板上，开启冷却水（要点：冷却水要清洁无杂质；冷却水流量控制在保证其不断流布砂纸表面——防止磨面过热和磨削颗粒残留），手握试件单向平行推磨一次，转动试样 90°，手握试件单向平行推磨一次，如此反复，直至磨到前一道磨痕完全消失时方可更换下一目砂纸。全部砂纸磨完则预磨结束。除上述手工预磨外，还可采用预磨机磨制。

②抛光

根据不同材料选择抛光布材质、抛光膏种类，具体操作如下：

a.固定抛光布；

b.开启抛光机，用洁净水润湿抛光布，无异响后停机；

c.在抛光布表面均匀涂布抛光膏，开机抛光，抛光至磨面光亮无划痕；

d.抛光后试样先用清洁水冲洗干净，然后用无水乙醇去水，用冷风机吹干。

③浸蚀

根据不同材料选择浸蚀液，确定浸蚀时间。浸蚀后试样先用清洁水冲洗干净，然后用无水乙醇去水，用冷风机吹干。立即放在显微镜下观察，能清晰看到焊缝、熔合线、热影响区、原始母材的各区域组织即达到要求。

2.操作步骤

（1）严格按照实验教师的指导，掌握所使用显微镜的使用流程及操作规程；

（2）使用低倍显微镜观察焊接接头组织，寻找熔合线；

（3）使用高倍显微镜观察焊缝组织变化规律；

（4）观察 HAZ 的组织特点，采集并记录过热区、正火区、不完全结晶区及母材组织。

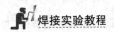

【安全及注意事项】

1. 一般注意事项

（1）防止高频电磁场伤害，不采用高频稳弧，不频繁引弧；

（2）防止紫外线辐射伤害，焊前检查护具的完整性；

（3）防止低熔点重金属蒸气和焊接粉尘危害，还必须保证焊接现场良好通风；

（4）防止高频灼伤，不仅要保证焊接操作者呼吸空气清洁卫生，还必须保证焊接现场良好通风；

（5）防止弧光灼伤，一要焊前检查护具的完整性，二要选择相应黑度的护目镜片。

2. 焊接实验室可能发生事故的应对措施

火灾、触电、烧伤、烫伤、弧光伤害等事故，必须按照实验室紧急事故处理预案进行处理。

【实验结果处理与分析】

对所采用的试样及实验设备数据进行收集整理，填写表1-1。

表1-1 焊接接头金相组织观察实验数据

记录项目	具 体 数 据 记 录	备注
焊接材料（母材）		
焊接参数		
焊接接头组织分区		
金相组织记录		

【实验问题与讨论】

（1）从金相分析的角度，焊接接头有几大分区？每个分区金相组织的特点是什么？各区域组织的性能如何？

（2）可以通过什么措施对性能进行改善？

【实验报告撰写要求】

实验报告是整个实验完成情况、学生实验技能和数据处理能力的集中表现，为规范实验报告的写作，制定其撰写标准。

（1）填写实验报告必须使用学校专用的实验报告纸。

（2）报告的所有内容必须用钢笔、签字笔等墨水笔填写。

（3）一份独立完整的实验报告必须包括以下几部分内容。

①实验编号及题目；

②撰写实验报告的日期,实验者专业、年级、班级、学号、姓名,合作者姓名等；

③实验目的；

④仪器用具,注明所有实验仪器的名称、型号、测量范围及精度；

⑤实验原理,包括实验中采用的仪器设备的工作原理、实验方法、相关理论；

⑥内容及步骤；

⑦安全注意事项；

⑧实验结果及数据处理,包括数据处理过程及所有的实验测量结果；

⑨问题及讨论,对实验结果进行分析讨论,讨论影响实验不确定度的因素及改进方法,并完成教材中的思考题；

⑩参考文献,如实验报告中用到原始记录以外的数据,或教材中没有涉及的内容,就必须注明其来源或参考文献。

（4）物理量与单位采用国际单位制。

（5）作图必须用铅笔在白版纸上手工绘制或将显微镜所记录图片彩色打印。

（6）表格采用三线表。

（7）每份实验报告应单独装订成册,每页须标明页码。装订时应把有指导教师签名的预习报告和原始数据附在正式报告之后。

（8）实验报告都必须独立完成。

（9）若实验报告不符合上述规范,可视情况将报告退回重写。

实验 2　焊接接头综合性能实验

【实验类型】

综合性实验(4 学时)。

【实验目的】

（1）了解影响焊缝金属中扩散氢导致延迟裂纹的机理与相关影响因素,掌握甘油法测定扩散氢的含量；

（2）了解冷裂纹产生条件,掌握斜 Y 型坡口对接裂纹实验法；

（3）了解热裂纹产生机理,掌握铝合金结晶裂纹实验方法。

【实验原理】

1.氢的作用机理及测定方法

（1）扩散氢的作用机理

焊接冷却速度很快,液态金属所吸收的氢只有一部分能在熔池凝固过程中逸出,还有相当多的氢来不及逸出而被留在固态焊缝金属中。在焊接金属中,大部分氢以 H 或 H^+ 形式存在,并与焊缝金属形成间隙固溶体。氢原子或氢离子半径很小,在金属晶格中移动所受阻力小,故称为扩散氢。部分扩散氢聚集到晶格缺陷,显微裂纹和非金属夹渣物边缘的空隙中,并结合成氢分子,因其半径大扩散困难故称之为残余氢。在一定条件下两者可以相互转换。

金属内部的缺陷提供了潜在的裂纹源,在应力的作用下,这些显微缺陷的前端形成了三向应力区,诱使氢向该处扩散并聚集,应力随之提高,氢致裂纹扩展过程如图1-4所示。

当氢的浓度达到一定程度时,一方面产生较大的应力,另一方面阻碍位错移动而使该处变脆。此部位氢的浓度达到临界值时,就发生启裂和裂纹扩展,扩展后的裂纹尖端又会形成新的三向应力区。氢不断地向新的三向应力区扩散达到临界浓度时又发生了新的裂纹扩展。这种过程周而复始不断进行,直至成为宏观裂纹。由于启裂、裂纹扩展过程都伴有氢的扩散,而氢的扩散需要一段时间,因此这种冷裂纹具有延迟特征。

材料淬硬倾向越大,越易形成淬硬组织,因而促进延迟裂纹的形成。同时焊接接头所在位置的应力状态对延迟裂纹形成也具有决定性作用。

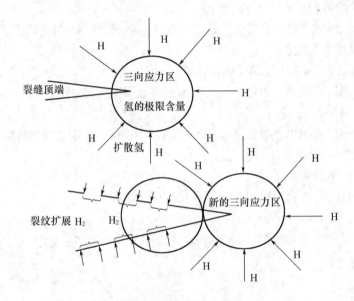

图1-4 氢致裂纹扩展过程

(2)氢的产生及来源

焊接时,氢主要来源于焊接材料中的水分及其他含氢物质,电弧周围空气中的水蒸气和母材坡口表面上的锈蚀与油污等杂质。不同的焊接方法,氢向金属中溶解的途径也不同。对于电弧焊,氢主要以两个途径进入焊缝金属中,具体如下。

①氢通过气相与液相金属的界面以原子或质子的形式被吸附后溶入金属中;

②氢通过熔渣层以扩散形式溶入金属中。

(3)扩散氢的测定方法

目前,测定焊缝金属中扩散氢含量的方法有液体置换法(水银法、甘油法、乙醇法)、排液法、色谱法、硅油置换法等。《熔敷金属中扩散氢测定方法》(GB/T3965—1995)中规定了用甘油置换法、气相色谱法及水银置换法测定熔敷金属中扩散氢含量的方法。当用甘油置换法测定的每100 g熔敷金属中扩散氢含量小于2 mL时,必须使用气相色谱法测定。标准甘油置换法、气相色谱法适用于焊条电弧焊、埋弧焊和气体保护焊。焊接过程中,焊缝熔敷金属中扩散氢含量是产生延迟裂纹的主要因素之一,所有扩散氢含量的测定是评价焊缝质量的主要指标。

熔敷金属扩散氢(H_{DM}[①])含量的计算公式为

$$H_{DM} = \frac{H_{GL} + 1.73}{0.79} \left(H_{GL} > \frac{2 \text{ mL}}{100 \text{ g}} \right) \qquad (1-1)$$

式中　H_{DM}——熔敷金属扩散氢含量(甘油法测定值换算成气相色谱法测定值时每 100 g 氢的含量),mL;

　　　H_{GL}——甘油置换法测定的每 100 g 熔敷金属扩散氢含量,mL。

$$H_{GL} = V_G = \frac{PVT_G}{P_G WT} \times 100 \qquad (1-2)$$

式中　V_G——收集的气体体积换算成标准状态下每 100 g 熔敷金属中气体的体积数,mL;

　　　V——收集的气体体积数,mL;

　　　W——熔敷金属质量(焊后焊件质量 – 焊前焊件质量),g;精确到 0.01g;

　　　T_G——273,K;

　　　T——(273 + t),K;

　　　t——恒温收集箱中温度,℃;

　　　P_G——101,kPa;

　　　P——实验室气压,kPa。

2. 焊接冷裂纹产生机理及斜 Y 型坡口对接裂纹实验法

(1)焊接冷裂纹产生机理

焊接冷裂纹产生时间是焊接结束后,温度小于该材质马氏点(Ms)点。焊接冷裂纹是焊缝及热影响区金属在焊接热循环作用下,由于组织硬化倾向严重,又在拉伸应力和扩散氢共同作用下产生的。

冷裂纹产生的三大因素:钢材的淬硬倾向、该结构所受拘束应力状态、焊接接头的氢含量与分布。焊接接头抵抗冷裂纹能力的实验有最高硬度法、斜 Y 型坡口对接裂纹实验法("小铁研"抗裂实验)、刚性固定对接裂纹实验法和插销实验法等。

(2)斜 Y 型坡口对接裂纹实验法

①斜 Y 型坡口对接裂纹实验法简介

该方法广泛用于评价打底焊缝及其焊接热影响区冷裂倾向。由于斜 Y 型坡口对接裂纹实验的接头所受拘束度很大,根部尖角又有应力集中,实验条件比较苛刻,所以认为实验中裂纹率不超过 20%,实际焊接结构中就不会产生冷裂纹。

斜 Y 型坡口对接裂纹实验法母材加工试样如图 1-5 所示。试样两端 60 mm 范围内先用焊缝固定,试板中间预留间隙 2 mm,预留反变形 7°。中间 80 mm 段为实验焊缝位置,实验焊缝引弧、收弧都应离开拘束焊缝 3 mm,收弧时应填满弧坑。

②裂纹检查方法

焊接采用标准参数(例如,手弧焊,焊条牌号为 J422,焊条直径为 4 mm,焊接电流为 170 A,电弧电压为 24 V,焊接速度为 150 mm/min,焊条在 150 ℃烘干 2 h)在三个试件上重复实验。焊后24 h后作裂纹检查。

a. 表面裂纹率检查

先采用放大镜测量开口于表面的裂纹,再采用磁力探伤(使用荧光磁粉)检测,确定表

---

① 此表示法参考《熔敷金属中扩散氢测定方法》(GB/T3965—1995)。

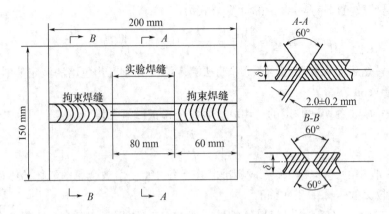

图 1-5 斜 Y 型坡口对接裂纹实验法母材加工试样

面裂纹长度。

b.断面裂纹率检查

将一个试件沿焊缝长度方向均匀截成六段,检查五个断面的裂纹情况。先采用放大镜测量开口于表面的裂纹,再采用磁力探伤(使用荧光磁粉)检测,确定断面裂纹长度。

c.根部裂纹率检测

将一个试件沿焊缝长度方向纵向切开,检查断面的裂纹情况。先采用放大镜测量开口于表面的裂纹,再采用磁力探伤(使用荧光磁粉)检测,确定根部裂纹长度。试样裂纹长度示例如图 1-6 所示。

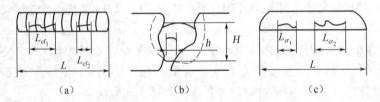

图 1-6 试样裂纹长度示例

(a)表面裂纹;(b)断面裂纹;(c)根部裂纹

各类型裂纹率可根据式(1-3)~式(1-5)求得

$$表面裂纹率 = \frac{\sum l_{cf}}{l_c} \times 100\% \tag{1-3}$$

$$断面裂纹率 = \frac{\sum h}{5H} \times 100\% \tag{1-4}$$

$$根部裂纹率 = \frac{\sum l_{cr}}{l_c} \times 100\% \tag{1-5}$$

式中　　$\sum l_{cf}$——表面裂纹长度总和,mm;

　　　　$\sum l_{cr}$——纵断面上根部裂纹长度总和,mm;

　　　　l_c————实验焊缝长度,mm。

(3)结晶裂纹产生机理和铝合金结晶裂纹测定

热裂纹一般是指在较高温度下产生的裂纹。大部分热裂纹是在固、液相线温度区间产生的结晶裂纹,也有少量是在稍低于固相线温度时产生的。热裂纹多数产生在焊缝中,有时候也产生于热影响区。热裂纹可分为三类:结晶裂纹、高温液化裂纹和多边化裂纹。

焊缝金属结晶是一个在液态金属中不断形核和长大的过程。非共晶成分的合金没有单一结晶温度,而是存在一个结晶温度区间。当液态金属温度降低至于液相线相交时,结晶开始。随着结晶过程的进行,液态金属逐渐向低熔点成分变化,直至达到共晶成分。焊缝金属结晶要经历液态、液-固态(液相占主要部分)、固-液态(固相占主要部分)、固态四个阶段。在四个阶段中存在一个温度区间,区间内焊缝的塑性非常低,称之为脆性温度区间。

在脆性温度区间内,即熔池结晶的固-液阶段,已结晶的固相占主要部分,尚未结晶的液态金属被排挤在已结晶的固态晶粒之间,并呈薄膜状分布,即在晶粒之间形成液态薄膜。如果此时受到拉伸应力的作用,由于液相本身的抗变形能力小,变形必将集中于液态薄膜处,在晶粒尚未发生塑性变形时,就沿结晶发生开裂,即产生结晶裂纹。

苏联物理学家普罗霍洛夫提出了拉伸应变与脆性温度区间内被焊金属塑性变化之间的关系,如图1-7所示为焊接时产生结晶裂纹的调节曲线图。

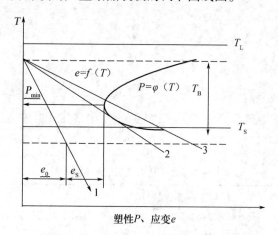

图 1-7 焊接时产生结晶裂纹的调节曲线图

T_L—液相线;T_S—固相线;T_B—脆性温度区间

图 1-7 中,e 表示焊缝在拉伸应力作用下产生的应变,它随温度变化而变化,其应变增长率为 $\partial e/\partial T$;P 表示在脆性温度区间焊缝金属的塑性,在液态薄膜形成的时刻,P 存在一个最小值 P_{min},此时焊缝金属产生的应变力 e_0;P_{min} 与 e_0 差值称为塑性储备,即 $e_s = P_{min} - e_0$。

当应变增长率较小时,应变随温度按图 1-7 曲线 1 变化,此时 $e_0 < P_{min}$,$e_s > 0$。焊缝具有一定塑性储备量,不会产生结晶裂纹。

当应变增长率较大时,应变随温度按图 1-7 曲线 3 变化,此时 $e_0 > P_{min}$,$e_s < 0$。焊缝金属在拉伸应力作用下产生的应变量已超过了塑性储备量,焊缝必然产生结晶裂纹。

当应变随温度按图 1-7 曲线 2 变化时,$e_0 = P_{min}$,$e_s = 0$。焊缝金属在拉伸应力作用下产生的应变量等于塑性储备量,焊缝处于产生结晶裂纹的临界状态。此时的应变增长率称为临界应变增长率,记作 CTS。

为防止结晶裂纹产生,应满足如下条件

$$\frac{\partial e}{\partial T} < CTS \tag{1-6}$$

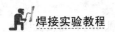

【实验设备及材料】

1. 实验设备

（1）扩散氢测定仪；

（2）多功能焊机；

（3）烘箱；

（4）电子天平；

（5）清洗工具；

（6）干燥箱；

（7）切割设备（水切割或线切割）。

2. 实验材料

（1）Q235钢板、45号钢板、6061铝板；

（2）乙醇、丙酮、5% NaOH溶液、30%~50%的硝酸溶液；

（3）CO_2气体；

（4）金相腐蚀液。

【实验内容及步骤】

1. 焊缝金属中扩散氢测定

GB/T3965—1995《熔敷金属中扩散氢测定方法》中规定了用甘油置换法所采用的试样尺寸，如表1-2所示。

表1-2 试样及引弧板、熄弧板尺寸

焊接方法	试样尺寸			引弧板、熄弧板尺寸			测定方法	排列顺序
	厚T/mm	宽W/mm	长L/mm	厚T/mm	宽W/mm	长L/mm		
焊条电弧焊						45		
埋弧焊	12	25	100	12	25	150	甘油置换法	引弧板试样熄弧板
气体保护焊						45		

将试样放置250℃±10℃烘干箱中6~8 h进行去氢处理，然后用钢丝刷和砂布除锈，乙醇去水，丙酮去油。吹干后对试样称重W_0（精确到0.01 g）。按照预设焊接参数施焊，焊接结束后水冷10 s，乙醇去水，丙酮去油，吹干后对试样称重W_1（精确到0.01 g）。$W = W_1 - W_0$，将制备好的试样放入已经充满甘油的收集器内，从试样焊完到放入收集器内应在90 s内完成。收集器内甘油必须保持在45℃±1℃。72 h后将吸附在收集器管壁上的气泡收集上去，准确读取气体量V。根据式（1-2）计算。

2. 斜Y型坡口对接裂纹实验法

（1）根据图1-5加工试样，清理试样表面油污和铁锈。

（2）选定焊接方法，确定焊接参数及工艺，制定焊接工艺卡。

（3）根据预定好的焊接工艺卡焊接拘束焊缝、实验焊缝，焊接结束24 h后检查焊缝表面裂纹。为了不影响焊接组织,采用水切割或线切割处理试样。

3.铝合金结晶裂纹测定

(1)切割试样

按照图 1-8 切割试样。

(2)清洗试样

用丙酮去除试样及焊丝表面油污,将试样及焊丝放入 50 ~ 60 ℃的 5% NaOH 溶液中浸泡 5 ~ 10 min,取出并冷水冲洗,放入 30% ~ 50% 的硝酸溶液中 1 min 光化处理,放入 50 ~ 60 ℃的水中冲洗,放入 100 ~ 110 ℃干燥箱中备用。

(3)设定焊接工艺

按照图 1-9 进行装配并施焊。

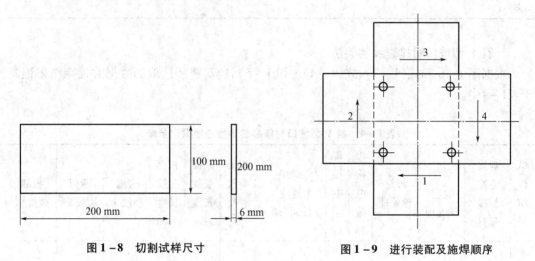

图 1-8　切割试样尺寸　　　　　　图 1-9　进行装配及施焊顺序

【实验结果处理与分析】

1.焊缝金属中扩散氢测定

焊接金属中扩散氢测定的相关数据相关数据记录在表 1-3 中。

表 1-3　扩散氢测定实验数据及结果

试样编号	W_0/g	W_1/g	焊接规范			实验条件		焊完至入仪时间/s	实验室气压/kPa	收集的气体体积数/mL	每 100 g 熔敷金属扩散氢含量/(mL)
			焊接电流/A	焊接电压/V	焊接速度/(mm/min)	焊接方法	前期处理状况				
1											
2											
3											
4											

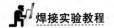

表 1-3(续)

| 试样编号 | W_0/g | W_1/g | 焊接规范 | | | 实验条件 | | 焊完至入仪时间/s | 实验室气压/kPa | 收集的气体体积数/mL | 每100 g熔敷金属扩散氢含量/(mL) |
			焊接电流/A	焊接电压/V	焊接速度/(mm/min)	焊接方法	前期处理状况				
5											
6											
7											
8											

2. 斜 Y 型坡口对接裂纹实验法

根据图 1-6 和式(1-3)、式(1-4)、式(1-5)计算,将所读取的数据并计算结果记录于表1-4中。

表 1-4　斜 Y 型坡口对接裂纹实验法数据记录表

试件编号	焊接方法焊接材料母材	焊接材料预处理	母材预处理	焊接电流/A	焊接电压/V	焊接速度/(mm/min)	表面裂纹长度/mm	断面裂纹长度/mm	根部裂纹长度/mm	表面裂纹率	断面裂纹率	根部裂纹率
1												
2												
3												
4												
5												
6												
7												
8												
9												
10												
11												
12												

3. 铝合金结晶裂纹测定

焊后借助放大镜测量裂纹长度,根据式(1-7)计算每块试样的裂纹率。

$$裂纹率 = \frac{裂纹长度}{焊缝总长} \times 100\% \tag{1-7}$$

将测量数据及计算结果填入表格 1 – 5。

表格 1 – 5 不同焊丝的裂纹

母材	焊丝	焊缝总长/mm	裂纹长度/mm	裂纹率	备注

【安全及注意事项】

1. 一般注意事项

(1)防止高频电磁场伤害,不采用高频稳弧,不频繁引弧;

(2)防止紫外线辐射伤害,焊前检查护具的完整性;

(3)防止低熔点重金属蒸气和焊接粉尘危害,必须保证焊接现场良好通风;

(4)防止高频灼伤,不仅要保证焊接操作者呼吸空气清洁卫生,而且必须保证焊接现场良好通风;

(5)防止弧光灼伤,一要焊前检查护具的完整性,二要选择相应黑度的护目镜片。

2. 焊接实验室可能发生事故的应对措施

火灾、触电、烧伤、烫伤、弧光伤害等事故,必须按照实验室紧急事故处理预案进行处理。

【实验问题与讨论】

(1)甘油置换法测定的熔敷金属中扩散氢含量的精度、影响因素。

(2)分析各试样所测扩散氢含量差异的原因。

(3)斜 Y 型坡口对接裂纹实验法测得裂纹率超过 20% 时应采用什么措施?原因?

(4)结晶裂纹产生的主要原因,在焊接工艺上应采取什么措施预防?

【实验报告撰写要求】

实验报告是整个实验完成情况、学生实验技能和数据处理能力的集中表现。为规范实验报告的写作,制定其撰写标准。

(1)填写实验报告必须使用学校专用的实验报告纸。

(2)报告的所有内容必须用钢笔、签字笔等墨水笔填写。

(3)一份独立完整的实验报告必须包括以下几部分内容:

①实验编号及题目;

②填写实验报告的日期,实验者专业、年级、班级、学号、姓名,合作者姓名等;

③实验目的;

④仪器用具,注明所有实验仪器的名称、型号、测量范围及精度;

⑤实验原理,包括实验中采用的仪器设备的工作原理、实验方法及相关理论;

⑥内容及步骤;

⑦安全注意事项;

⑧实验结果及数据处理,包括数据处理过程及所有的试验测量结果;

⑨问题及讨论,对实验结果进行分析讨论,讨论影响实验不确定度的因素及改进方法,并完成教材中的思考题;

⑩参考文献,如实验报告中用到原始记录以外的数据,或教材中没有涉及的内容,就必须注明其来源或参考文献。

(4)物理量与单位采用国际单位制。

(5)作图必须用铅笔在白版纸上手工绘制或将显微镜所记录图片彩色打印。

(6)表格采用三线表。

(7)每份实验报告应单独装订成册,每页须标明页码。装订时应把有指导教师签名的预习报告和原始数据附在正式报告之后。

(8)实验报告都必须独立完成。

(9)若实验报告不符合上述规范,可视情况将报告退回重写。

第2章 弧焊电源

实验3 焊接电弧静特性测定实验

【实验类型】

综合性实验(2学时)。

【实验目的】

(1)掌握电源静特性的测定方法,并通过钨极氩弧焊的静特性,对电弧静特性进一步认识和了解;

(2)通过光线示波器观测交流电弧的电压、电流等波形,进一步了解交流电弧的特点;

(3)熟悉掌握所需的电信号的选取、处理以及有关测定仪器的使用方法。

【实验原理】

1.电弧静特性

一定长度的焊接电弧在稳定状态下,电弧电压 U_f 和电弧电流 I_f 之间的关系称为焊接电弧的伏安特性或静特性,表示为

$$U_f = f(I_f) \tag{2-1}$$

电弧是非线性负载,其阻值不是恒定的,其随电流的变化而改变。经测定发现焊接电弧的静特性曲线是 U 形曲线,如图 2-1 所示。电弧静特性曲线可划分为三段,Ⅰ段为下降段,电弧电压随电流的增加而下降;Ⅱ段为水平段,电弧电压在电流变化时基本不变;Ⅲ段为上升段,电弧电压随电流的上升而上升。电弧电压是由电弧的阳极区压降 U_y、弧柱压降 U_z 和阴极区压降 U_i 三部分组成,即 $U_f = U_y + U_z + U_i$。焊接电流变化时,阳极区压降 U_y 几乎保持不变,而阴极区压降 U_i 和弧柱压降 U_z 却发生变化。当焊接电流较小并在 Ⅰ 区内增加时,阴极斑点的面积随电流的增大而扩大,但均小于电极端部面积,从而使阴极区电流密度基本保持不变,故阴极区压降也基本不变。但是随电流的增加,弧柱的横截面积的扩大倍数会大于电流增加的倍数,因此弧柱的电流和电阻减小,故弧柱压降减小,所以在 Ⅰ 区,电弧电压下降,因此具有下降的静特性;当焊接电流较大并在 Ⅱ 区内增大时,阴极区的压降还是基本不变,所以在 Ⅱ 区内电弧电压不随电流的增减而变化,电弧

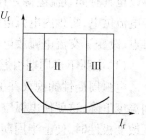

图 2-1　焊接电弧的
静特性曲线图

具有水平的特性;当焊接电流继续增大,并在Ⅲ区内增大时,阴极斑点面积和弧柱横截面面积均已不能再扩大,于是电流密度将随之增加,使阴极区压降 U_j 和弧柱压降 U_z 也随之增加,所以在Ⅲ区内电弧电压随电流的增加而增加,此时电弧具有上升的静特性。由以上分析可知,电弧静特性是一条 U 形曲线。

对于各种焊接电弧,虽然电极材料、电弧气氛的组成及压力、电弧长度等有所不同,而电弧静特性曲线却大体上保持 U 形。但在正常使用范围内,并不涉及电弧静特性的所有曲线。静特性下降段由于电弧燃烧不稳定,而很少被采用,只在小电流直流氩弧焊,钨极脉冲氩弧焊中得到应用;静特性的水平段在手工电弧焊和埋弧自动焊、非熔化极气体保护焊、微弧等离子焊中得到应用;静特性的上升段在细丝大电流的熔化极气体保护焊、埋弧焊、等离子弧焊、水下焊中使用。

几种焊接方法的电弧静特性曲线如图 2-2 所示,焊接工艺参数不同,电弧静特性曲线的位置和形状不同。

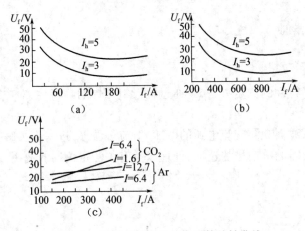

图 2-2 几种焊接方法的电弧静特性曲线

(a)手工电弧焊;(b)埋弧焊;(c)熔化极气体保护焊

2. 交流电弧焊的电压和电流波形

交流电弧的引燃、燃烧,在本质上是与直流电弧相同的,同时它的电阻也是非线性的,所以也具有同直流电源一样的静特性。但是交流电弧一般是由 50 Hz 按正弦规律变化的交变电流供电,每秒内电弧电流 100 次过零点,则电弧熄灭和再引燃 100 次。这种电弧燃烧的特点,改变了交流电弧放电的物理条件,使交流电弧具有如下的电和热物理过程。

(1)电弧下半周期引燃困难

电弧周期性的熄灭并引燃,交流电每半波电流经过零点并改变极性,电弧熄灭,电弧空间温度下降,这就使电弧空间的带电粒子产生中和,降低了电弧空间的导电能力。同时电压改变极性时,使上半周期内电极附近形成的空间电荷,力图往另一极运动,加强了中和作用,促使电弧空间的导电能力大大降低,因而使下半周期电弧重新引燃困难,只有当电流电压增大到超过再引燃电压以后,电弧才有可能被再次引燃。如果焊接回路中没有足够的电压,则电弧熄灭以后,可能要经历一段熄弧时间,才能被再次引燃,使电弧不能连续燃烧。熄灭的时间越长,再引弧电压越高,电弧就愈不能连续燃烧。若再引燃电压大于焊接电流空载电压峰值,则电弧不能再次被引燃。要使电弧连续燃烧,必须满足电路中应有足够大的电感并且电流的空载电压足够高。

（2）交流电弧和电流波形发生畸变

交流电弧电压和电流的变化，使电弧气氛的电阻、温度以及电极表面的温度也随之发生变化。虽然电源电压按正弦曲线变化，但电弧电压和电流却不能按正弦曲线变化，而发生了畸变。电弧愈不稳定，畸变就越大。

（3）热的变化滞后于电的变化

电弧气氛的热惯性使电弧热的变化滞后于电的变化。某一时刻的瞬时电流使电弧气氛发生热电离的效应，要推迟一定时间后才能表现出来。

【实验设备及材料】

（1）多功能焊机；

（2）电弧发生器；

（3）氩气；

（4）光线示波器；

（5）直流电流表、电压表、分流器；

（6）交流电流表、电压表、分流器；

（7）水管、测量线等。

【实验内容及步骤】

1. 电弧静特性的测定

（1）熟悉实验电路及所用设备、仪器、仪表，按图2－3接好线路，并接通水路。

（2）调节电弧发生器两极间的距离，并对中固定。

（3）调节减压器，把氩气流量调至所需的数值。

（4）将电流调节器调至中间位置，并用碳棒引燃电弧，然后，将电流调到最大，此时记下电流、电压值，以便标定。

（5）改变弧长，继续测量另一条静特性曲线。

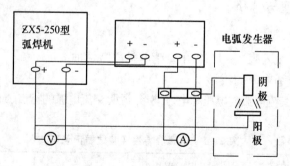

图2－3　电弧静特性测定线路图

2. 观测交流电弧波形

（1）熟悉实验电路及使用设备、仪器、仪表，并按图2－4接好实验电路。

（2）熟悉和了解示波器的性能、用途和使用方法，掌握所测型号的采取和处理方法，并预先通电预热。

（3）调节光点和拍摄速度，注意各调节旋钮开关的位置。

（4）接通弧焊变压器的电流，同时进一步调整信号的幅值。

（5）选定合适的焊接规范，在试板上引弧焊接，待电弧稳定后，观察电弧电压及电弧电流的波形，然后停焊。

（6）分析波形。

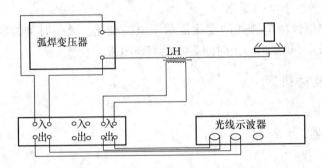

图 2 - 4　交流电弧电流电压测定线路图

【安全及注意事项】

1. 一般注意事项

（1）防止高频电磁场伤害，不采用高频稳弧，不频繁引弧；

（2）防止紫外线辐射伤害，焊前检查护具完整性；

（3）防止低熔点重金属蒸气和焊接粉尘危害，必须保证焊接现场良好通风；

（4）防止高频灼伤，不仅要保证焊接操作者呼吸空气清洁卫生，而且必须保证焊接现场良好通风；

（5）防止弧光灼伤，一要焊前检查护具完整性，二要选择相应黑度的护目镜片。

2. 焊接实验室可能发生事故的应对措施

火灾、触电、烧伤、烫伤、弧光伤害等事故，必须按照实验室紧急事故处理预案进行处理。

【实验结果处理与分析】

1. 记录实验数据

将实验数据结果填入表 2 - 1 中，并绘制电弧静特性曲线。

2. 分析电弧电压和电流的波形

依据实验所得的交流电弧的电压和电流波形，说明交流电弧的特点、原因以及造成的结果。

表 2 - 1　电弧静特性实验数据记录表

焊接方法	焊接电流	焊接电压	弧长	备注

表 2 – 1（续）

焊接方法	焊接电流	焊接电压	弧长	备注

【实验问题与讨论】

（1）根据所测得的几条电弧静特性曲线进行比较分析它们之间有何异同；

（2）依据实验所得的交流电弧的电压和电流波形，说明交流电弧的特点以及其原因和造成的结果。

【实验报告撰写要求】

实验报告是整个实验完成情况、学生实验技能和数据处理能力的集中表现。为规范实验报告的写作，制定其撰写标准。

（1）填写实验报告必须使用学校专用的实验报告纸。

（2）报告的所有内容必须用钢笔、签字笔等墨水笔填写。

（3）一份独立完整的实验报告必须包括以下几部分内容：

①实验编号及题目；

②填写实验报告的日期，实验者专业、年级、班级、学号、姓名，合作者姓名等；

③实验目的；

④仪器用具，注明所有实验仪器的名称、型号、测量范围及精度；

⑤实验原理，包括实验中采用的仪器设备的工作原理、实验方法、相关理论；

⑥内容及步骤；

⑦安全注意事项；

⑧实验结果及数据处理，包括数据处理过程及所有的试验测量结果；

⑨问题及讨论，对实验结果进行分析讨论，讨论影响实验不确定度的因素及改进方法，并完成教材中的思考题；

⑩参考文献，如实验报告中用到原始记录以外的数据，或教材中没有涉及的内容，就必须注明其来源或参考文献。

（4）物理量与单位采用国际单位制。

（5）作图必须用铅笔在坐标纸上手工绘制或将显微镜所记录图片彩色打印。

（6）表格采用三线表。

（7）每份实验报告应单独装订成册，每页须标明页码。装订时应把有指导教师签名的预习报告和原始数据附在正式报告之后。

（8）实验报告都必须独立完成。

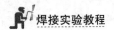

(9)若实验报告不符合上述规范,可视情况将报告退回重写。

实验4　弧焊电源外特性的测定

【实验类型】

综合性实验(2学时)。

【实验目的】

(1)熟悉各类交流弧焊电源和直流弧焊电源的构造及调节电流的方法;
(2)掌握弧焊电源外特性和调节特性的测定方法;
(3)了解各种类型弧焊电源的外特性曲线。

【实验原理】

1. 弧焊电源的外特性

焊接时,弧焊电源与电弧组成一个供电与用电系统,在稳定的工作状态下,电源输出的电压和电流之间的关系称为弧焊电源的外特性。

手工电弧焊要保持恒定弧长是困难的,只有当弧长变化时焊接电流的变化很小,才能保证电弧的稳定燃烧和焊接规范的稳定。要满足这个要求,手工电弧焊电流应当具有下降的外特性。通常获得下降外特性的方法有如下几种。

(1)在焊接回路中串联一个电抗器,以便增加电抗,如同体式焊机;
(2)利用磁变压器,如ZXC-400型焊机;
(3)增大弧焊变压器自身的漏抗,如动铁式动圈式焊机;
(4)利用可控硅的电流负反馈,如ZX5-250型焊机。

不同的焊机,根据其用途和要求不同,可以采用不同的方法来获得所需的外特性。

2. 几种弧焊电流的简介

(1)弧焊变压器

弧焊变压器主要应用于手工电弧焊。它的工作原理和一般的电力变压器基本相同,弧焊变压器就其获得外特性的方式不同,可分为动铁式、动圈式、同体式等。它有一个动铁芯Ⅱ在静铁芯Ⅰ的窗口中间,动铁芯Ⅱ提供磁分路,以增强变压器的漏磁,从而获得下降外特性。动铁芯Ⅱ可以在窗口里移出或移进,即相对于静铁芯Ⅰ移动以改变漏抗达到调节电流的目的。BX1-330型弧焊变压器的接线原理图如图2-5所示。焊接电流的粗调和细调,分别通过改变次级绕组匝数(换挡)和移动动铁芯Ⅱ的位置来实现。

①焊接电流的粗调

小挡粗调是用金属片把3和4两点短接。其次级有效工作匝数为23匝,电流调节器范围为50～180 A,空载电压为70 V。大挡粗调是用金属连接片把2和3两点连接,其次级有效工作匝数为12匝,电流调节范围为160～450 A,空载电压为70 V。

②焊接电流的细调

当动铁芯Ⅱ在不同位置时,弧焊变压器具有不同的漏抗,所以均匀地移动动铁芯Ⅱ的位置,在每一电流粗调节器范围内可以无级地调节焊接电流。当动铁芯Ⅱ由里不断向外移出而远离静铁芯Ⅰ平面时,漏抗减小,电流由小变大;反之,则电流由大变小。

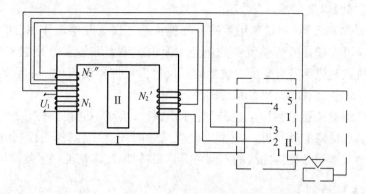

图 2 - 5   BX1 - 330 型弧焊变压器的结构原理图

图 2 - 6 是 BX1 - 330 型弧焊变压器的外特性曲线,曲线 1 和曲线 2 分别表示,当动铁芯Ⅱ分别在最里和最外时,小挡细调的两条外特性曲线;而曲线 3 和曲线 4 分别表示,当动铁芯Ⅱ分别在最里和最外时,大挡细调的两条外特性曲线。

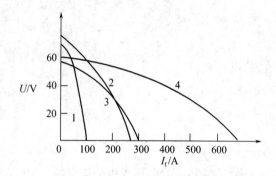

图 2 - 6   BX1 - 330 型弧焊变压器的外特性曲线

（2）硅整流弧焊电源

硅整流弧焊电源是以硅整流器作为整流元件的一种直流弧焊电源。

硅整流弧焊电源有单相和三相之分。三相硅整流器主要由以下四部分组成。

①主变压器

主变压器也可称作三相焊接变压器。

②外特性调节机构

外特性调节机构的作用是使弧焊整流器获得形状合适并且可以调节的外特性,如磁放大镜。

③整流器

整流器作用是把三相交流电变成直流电,供给焊接使用。

④输出电抗器

输出电抗器是接在直流回路中一个带铁芯的电感线圈起滤波和改善弧焊整流器动特性的作用。

硅整流弧焊电流获得外特性的方法有多种,如动铁式、动圈式、磁放大式等不同的方法,可以获得不同的外特性。因此,硅整流器按其外特性分为下降特性硅整流器、平特性硅整流器、多特性硅整流器。通常手工电弧焊采用的是磁放大式下降的硅态整流器。

（3）可控硅式弧焊整流器

可控硅式弧焊整流器，它是利用可控硅元件代替二极管起整流作用，而且这种整流作用是可控制的。可控硅式弧焊整流器的电路主要由主电路和触发电路组成。主电路常用的有三相半控桥式整流和带有平衡电抗器的双反星形可控整流两种基本形式；触发电路一般也采用单结晶体管、三极管,阻容移相和小可控硅等形式。

可控硅式弧焊整流器是利用可控硅和控制电路来实现不同焊接方法所需的相应的外特性和动特性。如陡降的外特性一般常用电流反馈的环节，配以其他控制电路来实现的。可控硅式弧焊整流器按外特性曲线的不同可分为平特性、陡降特性和平陡降两用三种。

【实验设备及材料】

（1）交流弧焊电源；

（2）直流弧焊电源；

（3）变阻器；

（4）电流互感器；

（5）直流分流器；

（6）记录仪；

（7）交流及直流电流表、电压表；

（8）焊接电缆线及测量线。

【实验内容及步骤】

1. 电源外特性曲线测定

（1）观察各种焊机的结构,了解和掌握各种焊机的接线特点、电流调节机构及其电流调节方法。

（2）按照图2-7接好线路，将两台（或多台）变阻器串联（或并联），然后串联在焊接回路中,代替电弧负载，用焊把作为短路开关。

逐次合上变阻器的闸刀开关，逐步减小变阻器的值，以增大电流，最后用焊把短路。每

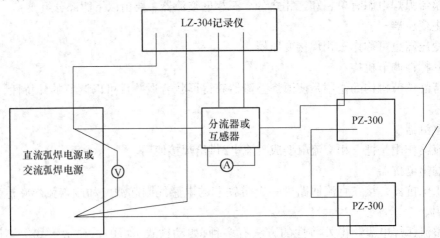

图2-7 电源外特性测定线路图

调一次电阻(即每改变一组闸号)后,记下记录仪的值,并填入表 2 - 2 中。

【安全及注意事项】

1. 一般注意事项

(1)防止高频电磁场伤害,不采用高频稳弧,不频繁引弧;

(2)防止紫外线辐射伤害,焊前检查护具完整性;

(3)防止低熔点重金属蒸气和焊接粉尘危害,必须保证焊接现场良好通风;

(4)防止高频灼伤,不仅要保证焊接操作者呼吸空气清洁卫生,而且必须保证焊接现场良好通风;

(5)防止弧光灼伤,一要焊前检查护具完整性,二要选择相应黑度的护目镜片。

2. 焊接实验室可能发生事故的预防措施

火灾、触电、烧伤、烫伤、弧光伤害等事故,必须按照实验室紧急事故处理预案进行处理。

【实验结果处理与分析】

1. 记录实验数据

将记录仪的值填入表 2 - 2 中。

表 2 - 2　弧焊电源外特性实验数据记录表

电阻箱闸号	电阻/Ω	电流/A	电压/V	备注

2. 绘制外特性典线图

根据记录的实验数据绘制外特性曲线图。

【实验问题与讨论】

(1)根据绘制外特性曲线图与电弧静特性曲线图,分析该焊接方法所用电源外特性与电弧静特性位置关系,并总结其特点。

(2)从外特性角度分析该焊接电源优缺点。

【实验报告撰写要求】

实验报告是整个实验完成情况、学生实验技能和数据处理能力的集中表现。为规范实验报告的写作,制定其撰写标准。

(1)填写实验报告必须使用学校专用的实验报告纸。

（2）报告的所有内容必须用钢笔、签字笔等墨水笔填写。

（3）一份独立完整的实验报告必须包括以下几部分内容：

①实验编号及题目；

②填写实验报告的日期，实验者专业、年级、班级、学号、姓名，合作者姓名等；

③实验目的；

④仪器用具，注明所有实验仪器的名称、型号、测量范围及精度；

⑤实验原理，包括实验中采用的仪器设备的工作原理、实验方法、相关理论；

⑥内容及步骤；

⑦安全注意事项；

⑧实验结果及数据处理，包括数据处理过程及所有的试验测量结果；

⑨问题及讨论，对实验结果进行分析讨论，讨论影响实验不确定度的因素及改进方法，并完成教材中的思考题；

⑩参考文献，如实验报告中用到原始记录以外的数据，或教材中没有涉及到的内容，就必须注明其来源或参考文献。

（4）物理量与单位采用国际单位制。

（5）作图必须用铅笔在白版纸上手工绘制。

（6）表格采用三线表。

（7）每份实验报告应单独装订成册，每页须标明页码。装订时应把有指导教师签名的预习报告和原始数据附在正式报告之后。

（8）实验报告都必须独立完成。

（9）若实验报告不符合上述规范，可视情况将报告退回重写。

第3章　焊接方法与设备

实验5　非熔化极气体保护焊实验

【实验类型】

综合性实验(2学时)。

【实验目的】

(1)了解以钨极氩弧焊为典型的非熔化极气体保护焊的设备基本构成、主要类型及主要电气特点;

(2)熟悉钨极氩弧焊机的基本操作方法;

(3)掌握钨极氩弧焊的阴极雾化机理及钨极烧损规律。

【实验原理】

钨极氩弧焊(TIG)是用高熔点的钨合金作为电极,与被焊工件之间形成电弧加热熔化工件和焊丝的一种非熔化极焊接方法。图3-1所示为TIG焊的原理示意图。焊接时,惰性气体1从焊枪喷嘴3中连续喷出,在电弧5周围形成气体保护层隔绝空气,防止其对钨极4、熔池6及邻近热影响区的有害影响,获得优质焊缝7。填充金属焊丝9从旁边送入焊接区,靠电弧热熔化进入熔池成为焊缝金属的组成部分。根据所用电源种类的不同,TIG焊可以分为直流TIG焊、交流TIG焊、脉冲TIG焊以及变极性TIG焊等类型。

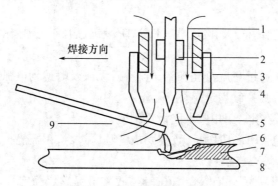

图3-1　TIG焊原理示意图

1—氩气;2—导电嘴;3—喷嘴;4—钨极;5—电弧;6—熔池;

7—焊缝金属;8—母材;9—焊丝(填充金属)

1. 直流 TIG 焊

直流 TIG 焊采用直流电源给电弧供电,由于没有过零问题,直流 TIG 电弧稳定性高,可以在很小的电流下保持电弧稳定燃烧,工艺过程稳定。直流 TIG 焊有正极性接法(工件接电源正极)和反极性接法(工件接电源负极)两种连接方式。

直流正极性接法时,钨极始终为负极,其发射电子过程中大量的热量被带走,因此钨极温度较低。与反极性接法相比,钨极可以承受更高的电流密度而不烧损。同时,在工件侧产生的热量更多,焊接熔深更大。因此,在焊接除铝镁合金以外的大部分材料时都采用正极性接法。

直流反极性接法时,钨极始终为正极,电极产热多,温度高。因此,只能承受较低的焊接电流,同时钨极烧损问题严重。但是,在焊接铝镁等合金时,直流反极性接法有阴极雾化的特殊作用,可以有效清理熔池表面的氧化物,提高焊缝金属的流动性,焊缝成形效果更好,夹渣和气孔缺陷减少。

TIG 电弧是一种非压缩的自由电弧,其电弧挺度较低,因此,直流 TIG 焊接时,还会出现比较明显的磁偏吹问题,磁偏吹现象会使电弧偏离焊缝中心,指向性变差,特别是在角焊缝等特殊位置焊接时,磁偏吹会带来很大的麻烦。

2. 交流 TIG 焊工艺

(1)正弦波交流 TIG 焊

由于正弦波交流 TIG 焊包括 DCEN 和 DCEP 两个阶段,因此这种方法介于直流正接与直流反接之间。能满足阴极雾化与减少钨极烧损双重需要。正弦波交流 TIG 焊波形如图 3-2 所示。

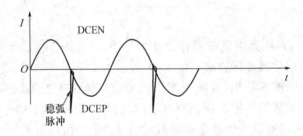

图 3-2　正弦波交流 TIG 焊波形

在 DCEP 阶段清理 Al_2O_3 氧化膜,在 DCEN 阶段钨极几乎不烧损。此种方法有以下三个缺点。

①电流每秒 100 次通过 0 点,且电流上升较慢,无法及时达到电弧的再引燃。必须另外施加稳弧脉冲才能使电弧持续稳定燃烧。

②产生直流分量,必须采用相应电路设计消除。

③由于工频交流电 DCEP 阶段长,致使阴极清理区过大,钨极烧损严重。

(2)方波交流 TIG 焊

方波交流 TIG 焊提高过零点电流上升速度,改善电弧燃烧稳定性。按电源电路结构可分为晶闸管式和逆变式。前者的 DCEN 和 DCEP 电流时间可调,DCEN 和 DCEP 的幅值不可分别调节。后者的方波交流电流频率可调即方波交流电流的占空比可调,但 DCEN 和 DCEP 的幅值也不可独立调节。电流在极性转变时的上升速度后者大于前者。

3. 脉冲 TIG 焊工艺

（1）与普通 TIG 焊的区别

脉冲 TIG 焊和普通 TIG 焊的主要区别在于它采用低频调制的直流或交流脉冲电流加热工件。电流幅值（或交流电流的有效值）按一定频率周期地变化。每一次当脉冲电流通过时，焊件上就形成一个点状熔池。待脉冲电流停歇时，点状熔池就冷凝。此时电弧由基值电流维持稳定燃烧，以便下一次脉冲电流导通时，脉冲电弧能可靠地燃烧，又形成一个新的焊点。

交流脉冲 TIG 焊适用于表面易形成高熔点氧化膜的金属，如铝、镁及其合金；直流脉冲 TIG 焊适用于其他金属。

（2）脉冲 TIG 焊的工艺特点及适用范围

①可调工艺参数多，能精确控制焊接热输入和熔池的尺寸。提高焊缝抗烧穿和熔池的保持能力，易获得均匀熔深。适用于薄板（≤1.0 mm）焊接、全位置焊接以及单面焊背面成形的焊接工艺。

②以较低的热输入获得较大熔深，减少焊接热影响区和焊接变形。

③脉冲电流对点状熔池有较强的搅拌作用，熔池金属冷凝快，高温停留时间短，焊缝金属组织细密，减少热敏感材料产生裂纹倾向。

④每个焊点加热和冷却迅速，适于导热性能强或厚度差别大的焊件焊接。

4. 变极性 TIG 焊工艺

变极性 TIG 焊是一种输出电流频率、占空比、DCEN 和 DCEP 的电流幅值均可独立调节的方波交流电源，其具有如下特点。

（1）变极性 TIG 焊采用 IGBT 技术，提高电流在极性转变时电流的上升速度，故电弧稳定性好。

（2）通过调节 DCEN 和 DCEP 电流的时间比和幅值比，既可保证阴极雾化作用又可使电弧特点向直流钨极接负靠近，最大限度减少钨极为正的时间，从而获得最佳熔深、提高生产率和延长钨极的寿命。

（3）调接焊接规范，获得不同的电弧形状、电弧作用力和热输入，达到控制熔深和正反面成形的目的。

（4）细化晶粒，提高焊接接头性能，增强熔池搅拌，减少气孔。

【实验设备及材料】

（1）TIG 焊机、变极性焊机（可选）；

（2）焊接面罩；

（3）电子天平；

（4）游标卡尺；

（5）厚度为 2～5 mm 的低碳钢板和铝合金板；

（6）氩气（99.95%）。

【实验内容及步骤】

1. TIG 焊机的内部结构、主要性能参数及基本操作步骤

（1）TIG 焊机的内部结构

打开 TIG 焊机外壳，了解晶闸管式电焊机中变压器、晶闸管桥和电抗器电路，或逆变器

式电焊机中变压器、晶闸管整流器和晶闸管逆变器电路。

（2）主要性能参数

一方面记录所采用 TIG 焊机的型号、额定电流、电流调节范围、空载电压、额定工作电压、额定负载持续率、功率因数等；另一方面记录施焊时 TIG 焊接参数（焊接电流、钨极直径、喷嘴直径与保护气体流量、电弧电压、焊接速度、电极伸出长度等）。

（3）TIG 焊机基本操作步骤

①焊前检查

检查设备、水、电、气是否正常，焊件装配质量与焊前清理是否符合要求，钨极是否修理，焊接参数是否合适等。

②引弧

通常采用高频振荡器或高压脉冲发生器进行非接触引弧。手工 TIG 焊时，焊枪倾斜，让喷嘴先靠到焊件表面上，然后使电极逐渐靠近工件，待击穿间隙，即起弧；焊枪、焊丝和工件的相互位置既与焊接接头类型有关，又与焊接位置有关。对接接头左向平焊焊枪，焊丝与工件相互位置如图 3-3 所示。

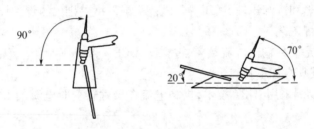

图 3-3　对接接头左向平焊焊枪时焊丝与工件相互位置

填充焊丝应在焊件上形成熔池后才缓慢送至熔池前沿，不应直接送至熔池中心，细丝可连续送进，粗丝应间歇送进。间歇送进必有焊丝后退动作，但不能离开氩气保护区，否则高温焊丝头被空气氧化。焊丝不能与钨极相碰，也不能扰乱氩气流。使用过粗的焊丝或送丝速度过快，会形成大熔滴进入熔池，使熔池温度骤降，液体金属黏度增加，不利于焊透与成形。

停止焊接时，终焊处多添加填充金属，填满后再停止送丝，防止出现弧坑。一般 TIG 焊机都配备有电流自动衰减装置，停焊时焊接电流呈指数曲线下降，直至熄弧，这样可以减缓冷却时间，从而防止产生弧坑裂纹。断电后，焊枪仍需在终焊处停留 3~15 s，待钨极和熔池金属冷却后才停止送气，移开焊枪，防止焊接熔池过早失去保护。

2. 直流 TIG 焊接时不同接法情况下钨极烧损的规律

改变焊接参数，进行如表 3-1 所示的六组实验。

3. 铝合金 TIG 焊接时的阴极雾化现象观察

记录直流正接、反接的对比，交流和变极性的对比实验。具体内容包括观察阴极雾化对表面颜色和成形的影响，测量阴极雾化区宽度等。

【安全及注意事项】

1. 一般注意事项

（1）防止高频电磁场伤害，不采用高频稳弧，不频繁引弧；

（2）防止紫外线辐射伤害，焊前检查护具完整性；

（3）防止低熔点重金属蒸气和焊接粉尘危害，必须保证焊接现场良好通风；

（4）防止高频灼伤，不仅要保证焊接操作者呼吸空气清洁卫生，而且必须保证焊接现场良好通风；

（5）防止弧光灼伤，一要焊前检查护具完整性，二要选择相应黑度的护目镜片。

2. 焊接实验室可能发生事故的应对措施

火灾、触电、烧伤、烫伤、弧光伤害等事故，必须按照实验室紧急事故处理预案进行处理。

【实验结果处理与分析】

1. 记录实验数据一

（1）将非熔化极气体保护实验电极烧损数据记录在表 3 – 1 中。

表 3 – 1　非熔化极气体保护焊实验电极烧损数据记录

参　数组　数（极性）	电流/A	电压/V	母材型号	喷嘴直径/mm	气体流量/(L/min)	焊炬高度/mm	钨极直径/mm	G_1/g	G_2/g	φ/g
1										
2										
3										
4										
5										
6										

（2）测量钨极烧损方法。焊前，先称量出钨极质量 $G_1(\mathrm{g})$，焊接一定时间 $T(\min)$ 后，再称出钨极质量 $G_2(\mathrm{g})$，计算钨极烧损量 φ，即

$$\varphi = \frac{G_1 - G_2}{T} \tag{3-1}$$

2. 记录实验数据二

将阴极雾化实验数据填入表 3 – 2 中。

表 3 – 2　阴极雾化实验数据记录表

参　数组　数（极性）	电流/A	电压/V	雾化区宽度/mm	母材型号	喷嘴直径/mm	气体流量/(L/min)	焊炬高度/mm	钨极直径/mm	焊缝颜色
1									
2									
3									

表 3 - 2（续）

参数 组数 （极性）	电流 /A	电压 /V	雾化区 宽度/mm	母材型号	喷嘴 直径/mm	气体流量 /(L/min)	焊炬 高度/mm	钨极 直径/mm	焊缝 颜色
4									
5									
6									

【问题与讨论】

（1）比较钨极接正和接负的烧损量。请说出为什么直流反接烧损量大，并指出焊接时应注意的问题。

（2）为什么直流正接不能去除工件上氧化膜？不论焊接什么材料都需消除氧化膜吗？怎样断定氧化膜是否被雾化了？

（3）焊接规范参数，如气体流量、焊接电流、焊炬高度、钨极直径、焊接电源极性等对钨极烧损、阴极雾化有什么影响？

（4）变极性 TIG 与交流 TIG 有什么差别？变极性焊接电源的优越性有哪些，主要应用在哪些焊接工艺当中？

【实验报告撰写要求】

实验报告是整个实验完成情况、学生实验技能和数据处理能力的集中表现。为规范实验报告的写作，制定其撰写标准。

(1)填写实验报告必须使用学校专用的实验报告纸。

(2)报告的所有内容必须用钢笔、签字笔等墨水笔填写。

(3)一份独立完整的实验报告必须包括以下几部分内容：

①实验编号及题目；

②填写实验报告的日期，实验者专业、年级、班级、学号、姓名，合作者姓名等；

③实验目的；

④仪器用具，注明所有实验仪器的名称、型号、测量范围及精度；

⑤实验原理，包括实验中采用的仪器设备的工作原理、实验方法、相关理论；

⑥实验内容及步骤；

⑦安全注意事项；

⑧实验结果及数据处理，包括数据处理过程及所有的试验测量结果；

⑨问题及讨论，对实验结果进行分析讨论，讨论影响实验不确定度的因素及改进方法，并完成教材中的思考题；

⑩参考文献，如实验报告中用到原始记录以外的数据，或教材中没有涉及的内容，就必须注明其来源或参考文献。

(4)物理量与单位采用国际单位制。

(5)作图必须用墨水笔在坐标纸上手工绘制或用 Origin Mathlab, MathCAD, Mathmatica

等专业数据处理软件处理后用计算机绘制。

（6）表格采用三线表。

（7）每份实验报告应单独装订成册，每页须标明页码。装订时应把有指导教师签名的预习报告和原始数据附在正式报告之后。

（8）实验报告都必须独立完成。

（9）若实验报告不符合上述规范，可视情况将报告退回重写。

实验 6 熔化极保护焊实验之埋弧焊工艺实验

【实验类型】

综合性实验（2 学时）。

【实验目的】

（1）了解埋弧焊的基本原理及典型埋弧焊设备的基本构成；

（2）熟悉 MZ - 1000 型自动埋弧焊机操作及规范参数的设定；

（3）掌握焊接电流焊接电压等焊接参数对埋弧焊焊缝成形的影响规律。

【实验原理】

1. 埋弧焊的基本原理

埋弧焊的基本原理及系统基本构成如图 3 - 4 所示。其焊接过程是，焊接电弧在焊剂层下的焊丝与母材之间燃烧，电弧热使周围的母材、焊丝和焊剂熔化和部分汽化，金属和焊剂蒸气在焊剂下形成一个气泡，电弧就在这个气泡内燃烧。气泡的外部被一层熔化的焊剂（熔渣）外膜所包围，起到隔绝空气、绝热和屏蔽光辐射的作用。随着焊丝向前移动，后方的焊缝金属及熔渣逐渐冷却凝固，脱掉渣壳即可看到表面形成十分光滑的焊缝。在焊接过程中，熔渣除了对熔池和焊缝金属起机械保护作用外，还与熔化金属发生冶金反应（如脱氧、

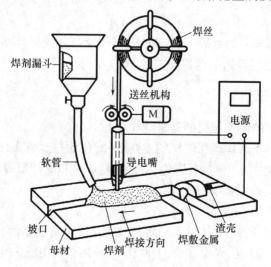

图 3 - 4 埋弧自动焊原理及系统基本构成示意图

去杂质、渗合金等),从而影响焊缝金属的化学成分。

2.焊接规范参数对焊缝成形的影响

焊接电流 I、电弧电压 U 和焊接速度 V_W,是决定焊缝成形的主要参数。

(1)焊接电流主要决定熔深

当焊接电流增加时,不仅电弧的热功率和电弧力增加,而且熔池体积和弧坑深度也随之增加。一是电弧截面略有增加导致熔宽增加;二是电弧挺度增加并潜入熔池,使电弧斑点扫描范围缩小,导致熔宽减小。在焊接电流较小时,随着焊接电流增加,前者作用大些,所以熔宽略有增加。而在焊接电流较大时,随着焊接电流的增加,两者作用相当,实际熔宽几乎保持不变。电流增加时,焊丝熔化量增加。因此,焊缝余高也随之增加。

(2)电弧电压主要决定熔宽

电压的增加就意味着电弧长度的增加,作用在熔池上的电弧面积扩大,导致熔宽增加。从能量角度来看,电弧电压增加所带来的电弧功率提高,主要用于熔宽增加和弧柱的热量散失。电弧对熔池的作用力因熔宽增加而分散了,故熔深和余高都略有减小。

(3)焊接速度主要影响焊道的截面积

当焊接速度较小时,单位长度焊道上过渡的熔覆金属增多,焊道截面积增大;反之,焊道截面积变小。在多层多道焊接时,焊接速度、焊接道数以及焊接电流之间要匹配好,才能保证焊缝填充饱满。对于特定的焊接作业,焊接速度也有一个合适的范围。焊接速度过低,会导致焊道的热输出过大,焊缝组织粗大,韧性下降;如果焊接速度过高,则会出现咬边及未焊合等缺陷。

3.送丝方式与电源外特性的匹配

(1)等速送丝配平特性电源适用于细丝(直径2.0 mm 及以下)

这种情况下,电弧自调节作用强,仅靠电弧自身调节作用即可保持电弧的稳定燃烧。

(2)变速送丝配陡降电源适用于粗丝(直径2.0 mm 以上)

这种情况下电弧自调节作用较弱,需要采用电弧电压反馈,通过实时控制电弧长度来保持电弧的稳定燃烧。

【实验设备及材料】

(1)埋弧焊机;

(2)厚度为 10 ~ 25 mm 的钢板一块,H08MnA 焊丝一盘,HJ431 焊剂;

(3)焊丝剪、焊剂筛以及钳子等辅助工具。

【实验内容及步骤】

1.了解实验所使用的埋弧焊机的基本结构

在指导老师的讲解下认识埋弧焊机的主要部件,包括送丝机头(送丝传动机构,送丝滚轮和矫正滚轮等),行走小车(包括行走传动机构,行走轮和离合器等,机头的调节机构和调节范围),焊接电源及其控制面板等。

2.埋弧焊工艺基本操作

(1)焊前准备:焊剂干燥处理(烘干),焊丝及工件表面清理锈污,工件打钢字、编号。

(2)根据工件材质、厚度、焊丝直径、干伸长度,确定焊接电流 I、电弧电压 U 和焊接速度 V_W 各参数值。

（3）根据所使用焊机的不同,进行讲解并示范埋弧焊的具体工艺操作流程。

3. 焊接规范参数对焊缝成形的影响。

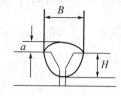

焊接电流 I、电弧电压 U 和焊接速度 V_W 三个主要规范参数中,固定其中任意两个参数,改变另一个参数,分别进行 $3 \sim 5$ 个不同规范的试板堆焊,并将各参数记入表 $3-3$ 中。每块试板堆焊三道焊缝。

用砂轮切割机切开焊缝横断面,再用砂轮机磨平,砂纸磨光,

图3-5 焊缝成形尺寸

抛光机抛光后用5%硝酸酒精腐蚀出焊缝横断面轮廓,然后测量

焊缝基本尺寸 (H,B,a) 如图 $3-5$ 所示,计算出 φ 值和 β 值,填入表 $3-3$ 中(由于时间限制,该实验也可以通过让学生测量事先焊好的标准试块的方法来做)。

$$\varphi = B/H; \beta = B/a;$$

式中　H——焊缝熔深,mm;

　　　 B——焊缝熔宽,mm;

　　　 a——焊缝余高,mm;

　　　 φ——焊缝成形系数;

　　　 β——焊缝增高系数。

【安全及注意事项】

1. 一般注意事项

（1）焊机必须采用接零和漏电保护,以保证操作人员安全;对于接焊导线及焊钳接导线处,都应可靠地绝缘。

（2）焊工必须穿戴防护衣具。操作人员应站在干燥木板或其他绝缘垫上。

（3）焊后的焊剂及焊渣一般温度较高,应妥善处理,避免烫手及火灾发生。

2. 实验中可能发生的事故及应急处理措施

（1）进行焊接操作时,至少两人在场,当发生触电现象时,能够及时断电及救援。

（2）埋弧焊引弧时容易发生爆丝和粘丝现象,所以起弧时避免眼睛直视焊接区域;当发现焊丝发红粘丝时,应及时断电停止焊接,避免爆丝。

（3）焊接过程中,如果出现明弧,应及时停车处理或添加焊剂。

【实验结果处理与分析】

1. 记录实验数据

将实验数据记录于表 $3-3$ 中。

表3-3 焊接规范参数及焊缝成形尺寸

序号	规范	编号	焊接规范参数			焊缝成形尺寸				
			I/A	U/V	$V_W/(m/h)$	H/mm	B/mm	a/mm	φ	β
1	I	1-1								
2		1-2								

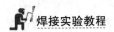

表 3-3(续)

序号	规范	编号	焊接规范参数			焊缝成形尺寸				
			I/A	U/V	$V_W/(m/h)$	H/mm	B/mm	a/mm	φ	β
3		1-3								
4	I	1-4								
5		1-5								
6		2-1								
7		2-2								
8	U	2-3								
9		2-4								
10		2-5								
11		3-1								
12		3-2								
13	V_W	3-3								
14		3-4								
15		3-5								
其他工艺参数	焊丝直径 d_s									
	干伸长度 l_s									
	焊丝牌号									
	焊剂牌号									
	空载电压 U_0									

2. 绘制曲线

根据表 3-3 记录的数据,按 I——H,B,a,β;U——H,B,a,β;V_W——H,B,a,β 三个坐标,给出规范参数对焊缝成形尺寸影响的曲线。

【问题与讨论】

(1)焊丝端部应该剪成什么形状更有利于引弧,为什么?

(2)为什么说在埋弧焊中电弧电压主要影响熔宽而电流主要影响熔深?

(3)简要分析一下在埋弧焊工艺中,熔渣与焊缝金属的凝固顺序对焊缝成形的影响规律。

(4)当焊机出现故障时,分析故障产生原因的一般方法。比如,焊接过程中一切正常,而焊车突然停止行走,请查出原因。

【实验报告撰写要求】

实验报告是整个实验完成情况、学生实验技能和数据处理能力的集中表现。为规范实验报告的写作,制定其撰写标准。

(1)填写实验报告必须使用学校专用的实验报告纸。

(2)报告的所有内容必须用钢笔、签字笔等墨水笔填写。

(3)一份独立完整的实验报告必须包括以下几部分内容:

①实验编号及题目;

②填写实验报告的日期,实验者专业、年级、班级、学号、姓名,合作者姓名等;

③实验目的;

④仪器用具,注明所有实验仪器的名称、型号、测量范围及精度;

⑤实验原理,包括实验中采用的仪器设备的工作原理、实验方法、相关理论;

⑥实验内容及步骤;

⑦安全注意事项;

⑧实验结果及数据处理,包括数据处理过程及所有的试验测量结果;

⑨问题及讨论,对实验结果进行分析讨论,讨论影响实验不确定度的因素及改进方法,并完成教材中的思考题;

⑩参考文献,如实验报告中用到原始记录以外的数据,或教材中没有涉及的内容,就必须注明其来源或参考文献。

(4)物理量与单位采用国际单位制。

(5)作图必须用墨水笔在坐标纸上手工绘制或用 Origin Mathlab,MathCAD,Mathmatica 等专业数据处理软件处理后再用计算机绘制。

(6)表格采用三线表。

(7)每份实验报告应单独装订成册,每页须标明页码。装订时应把有指导教师签名的预习报告和原始数据附在正式报告之后。

(8)实验报告都必须独立完成。

(9)若实验报告不符合上述规范,可视情况将报告退回重写。

实验 7　熔化极气体保护焊设备与工艺实验

【实验类型】

综合性实验(2 学时)。

【实验目的】

(1)了解熔化极气体保护焊基本原理;

(2)熟悉熔化极气体保护焊工艺及设备的特点;

(3)掌握熔化极气体保护焊规范参数与熔滴过渡的规律。

【实验原理】

1.熔化极气体保护焊的作用原理

熔化极气体保护焊是以可熔化的金属焊丝作电极,并由气体作保护的电弧焊。其焊接过程如图 3－6 所示。焊丝盘 4 上的焊丝 3 和母材 1 之间引燃电弧 2 来熔化焊丝和加热母材,熔化的焊丝进入熔池9与母材融合,凝固后即为焊缝金属10。通过保护气罩7向焊接区喷出保护气体8,使处于高温的待熔化焊丝、熔滴、熔池及附近的母材免受周围空气的有害作用。焊丝由送丝滚轮5经过导电嘴6连续地送进焊接区。操作方式主要是半自动和自动熔化极气体保护焊两种。作为填充金属的焊丝,有实心和药芯两类。前者一般含有脱氧用的和焊缝金属所需要的合金元素;后者的药芯成分及作用与焊条的药皮相似。

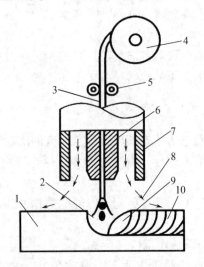

图3-6 熔化极气体保护电弧焊示意图

1—母材;2—电弧;3—焊丝;4—焊丝盘;
5—送丝滚轮;6—导电嘴;7—保护气罩;
8—保护气体;9—熔池;10—焊缝金属

2. 熔化极气体保护焊的优缺点

熔化极气体保护焊与焊条电弧焊相比,具有焊接效率高,焊缝含氢量低,相同电流下熔深更大,焊厚板时焊接变形小,烟雾少的优点。同埋弧焊相比,具有可全位置焊接、无需清渣、明弧焊接的优点。同样也具有应用受环境条件制约、半自动焊枪笨重、设备复杂的缺点。

3. 熔化极气体保护焊的应用

(1)惰性气体(MIG)焊

MIG焊使用的惰性气体可以是氩(Ar)、氦(He)或氩与氦的混合气体。因惰性气体与液态金属不发生冶金反应,只起包围焊接区使之与空气隔离的作用,所以电弧燃烧稳定,熔滴向熔池过渡平稳、安定,无激烈飞溅。这种方法最适于铝、铜、钛等有色金属的焊接,也可用于钢材,如不锈钢、耐热钢等的焊接。

(2)活性气体(MAG)焊

MAG焊使用的保护气体是由惰性气体和少量的氧化性气体混合而成。加入少量的氧化性气体的目的是在不改变或基本上不改变惰性气体电弧特性的条件下,进一步提高电弧的稳定性,改善焊缝成形和降低电弧辐射强度等。这种方法常用于钢铁材料的焊接。

(3)CO_2焊

CO_2焊使用的CO_2气体具有氧化性,本质上也属于MAG焊。CO_2的来源广、成本低。由于CO_2的热物理特性和化学特性,需要在焊接过程中从设备、工艺以及焊丝等方面采取措施,才能获得良好的焊接效果。熔化极气体保护焊的熔滴过渡分类及形态、特征如表3-4所示。

表3-4 熔滴过渡分类及形态特征

类型	自由过渡							接触过渡
	滴状过渡			喷射过渡			爆炸过渡	
	大滴过渡		细颗粒过渡	射滴过渡	射流过渡	旋转过渡		短路过渡
	滴落过渡	排斥过渡						
形态								
焊接条件	高电压小电流MIG焊	高电压小电流CO_2焊及正接、大电流CO_2焊	较大电流CO_2焊	铝MIG焊及脉冲焊	钢MIG焊	MIG焊特大电流	焊丝含挥发成分	CO_2焊
特点	熔滴大于焊丝直径,飞溅大成形粗糙,无应用	熔滴大于焊丝直径,斑点压力大于熔滴重力。熔滴脱离焊丝前偏离轴心。飞溅大,工艺恶化,无应用	熔滴小于焊丝直径,飞溅少,电弧稳定,焊缝成形好	熔滴小于焊丝直径,飞溅少,电弧稳定,焊缝成形好	"笔尖状"末端,飞溅少,电弧稳定,焊缝成形好	仅应用于厚板的大批量焊接	爆炸时引起飞溅,工艺恶化,无应用	低电压,小电流,易飞溅,不稳定,应用少

【实验设备及材料】

(1)实验设备

CO_2气体保护焊机(带送丝机和半自动焊枪)。

(2)实验材料

①CO_2气体;

②与所用焊枪配套的细丝(直径小于1.6 mm)和粗丝(直径大于1.6 mm)CO_2焊丝各1盘;

③母材试板:8~12 mm厚Q235钢板若干块。

【实验内容及步骤】

1. 熔化极气体保护焊设备的构成与性能

（1）首先关闭电源，打开焊机外壳，在老师的讲解下认识所用型号焊机中的变压器、整流桥和电抗器等主要内部结构。认识流量计、气路及焊枪等附属构件。

（2）盖上机壳，观察并认识操作面板上的主要功能按钮，学习其操作方法。

（3）记录所采用的焊机型号、额定电流、电流调节范围、空载电压、额定工作电压、额定负载持续率、功率因数等参数。

2. 熔化极气体保护焊接工艺基本操作

（1）用砂纸将被焊母材试样表面的氧化皮清理干净，放置在工作台上并与焊接电源地线可靠连接。

（2）打开焊接电源开关，在控制面板上输入老师给定的焊接参数。

（3）打开气瓶，调节流量计至合适的气体流量。

（4）打开冷却循环水系统，保证水路工作正常。

（5）测试焊枪，保证送丝、送气工作正常。

（6）启动焊接开关，进行焊接。

（7）焊接完毕，关气瓶、循环水以及电源。

3. CO_2 焊接熔滴过渡形式实验

（1）使用粗的 CO_2 焊丝，通过改变焊接电流和电压参数，在焊接过程中实现射滴过渡形式。

（2）使用细的 CO_2 焊丝，通过改变的焊接电流和电压参数，在焊接过程中实现短路过渡形式。

（3）根据表 3 - 5 的参数，分别记录两种典型熔滴过渡形式下的相关实验数据。并计算各自飞溅量的大小，并观察焊后焊丝端部形状的差别。

【安全及注意事项】

1. 一般注意事项

（1）防止紫外线辐射伤害，焊前检查护具完整性。

（2）防止低熔点重金属蒸气和焊接粉尘危害，操作者要戴口罩并保持焊接现场良好通风。

2. 实验中可能发生的事故及应急处理措施

（1）起弧焊接时要告知周边的同学防止强烈的弧光伤眼。如果弧光伤眼，一般不用紧张，晚上眼睛会有刺痛感，一般过一两天会自愈，情况严重时要及时就医。

（2）如果发生火灾或触电等事故，必须首先果断切断电源，然后视情况的严重程度采取相应处理措施。

【实验结果处理与分析】

1. 记录实验数据

将实验数据记录表 3 - 5 中。

表 3 – 5　短路过渡与射滴过渡 CO_2 焊实验记录表

序号	焊丝直径 /mm	焊接 电流/A	焊接 电压/V	气体 流量 /(L/min)	送丝 速度 /(m/min)	飞溅率 /(g/cm)	过渡 形式	焊丝末 端形状
1								
2								
3								
4								

2. CO_2 焊飞溅量的计算结果分析

CO_2 焊飞溅量的计算有多种方式。在本实验中,采用单位长度焊道飞溅量来计算。在焊接前仔细清理工作台及工件表面,务必保证没有金属颗粒,焊接完后,用毛刷仔细收集焊道两旁及工作台上的飞溅金属,并用电子天平进行准确称量,并测量焊道的长度,用飞溅金属的质量除以焊道长度,即可得到一个以 g/cm 为单位的飞溅率的结果。

【问题与讨论】

(1)与埋弧焊、氩弧焊以及手工电弧焊相比,熔化极气保护焊工艺有何优缺点?

(2)CO_2 焊工艺发生飞溅的内在原因是什么?应该从哪些方面来减少飞溅的发生?

【实验报告撰写要求】

(1)实验前要求做好预习,熟悉实验目的、具体实验内容及实验原理,并事先绘制好数据记录表格等准备工作。

(2)实验报告内容应包括以下几部分:

①实验名称;

②实验目的;

③实验内容与实验步骤,包括实验内容、原理分析及具体实验步骤;

④实验设备及材料,包括实验所使用的器件、仪器设备名称及规格;

⑤实验结果,包括实验数据的处理与分析方法,填写实验结果记录表,绘制实验曲线等;

⑥回答思考与讨论题目,总结实验的心得体会等内容。

(3)实验曲线要求用铅笔手工绘制在坐标纸上。曲线应该刻度、单位标注齐全,比例合适、美观,并针对曲线作出恰当的标注,图要具有自明性。

(4)实验报告书写在专用实验报告纸上,要求用钢笔正楷字体规范填写,绘图要用直尺等绘图工具。

第4章 焊接结构

实验8 焊接结构变形与应力控制实验

【实验类型】

设计性实验(6学时)。

【实验目的】

(1) 了解焊接结构中焊接变形与焊接应力的基本理论;

(2) 通过具体焊接结构的设计与制造,掌握控制焊接应力分布与矫正焊接变形的措施;

(3) 掌握手工电弧焊、熔化极气体保护焊与非熔化极气体保护焊的规范参数调节规律。

【实验原理】

图4-1所示为引起焊接应力与变形的主要因素及内在联系。焊接时的局部不均匀热输入(图4-1上部)是产生焊接应力与变形(图4-1下部)的决定因素。热输入是通过材料因素、制造因素和结构因素所构成的内拘束度及外拘束度(图4-1右侧)而影响热源周围的金属运动,最终形成了焊接应力与变形。从图4-1的左侧可见,材料因素主要包含有材料特性、热物理常数及力学性能等,因温度变化而异[热膨胀系数 $\alpha = f_1(T)$,弹性模量 $E = f_2(T)$,屈服强度 $\sigma_s = f(T)$,$\alpha_s(f) \approx 0$ 时温度(T_K)或称"力学熔化温度"以及相变等];在焊接温度场中,这些特性呈现出决定热源周围金属运动的内拘束度。制造因素(工艺措施、夹持状态)和结构因素(构件形状、厚度及刚性)则更多地影响着热源周围金属运动的外拘束度。

多种因素交互作用导致焊接应力与变形。焊接应力与变形以内拘束度效应进行机理分析如下。焊接热输入引起材料局部不均匀加热,焊缝区熔化;与熔池毗邻的高温区材料的热膨胀则受到周围材料的限制,产生不均匀的压缩塑性变形;在冷却过程中,已发生压缩塑性变形的这部分材料(如长焊缝两侧)又受到周围条件的制约而不能自由收缩,在不同程度上又被拉伸而卸载;与此同时,熔池凝固,金属冷却收缩时也产生相应的收缩压应力而变形。在焊接接头区产生了缩短的不协调应变。

与焊接接头区产生的缩短不协调应变相对应,构件会形成自身相平衡的内应力,通称为焊接应力。焊接接头区金属在冷却到较低温度时,材料恢复到弹性状态;此时,若有金相组织转变,则伴随体积变化,出现相变应力。

随焊接热过程而变化的内应力场和构件变形,称为焊接瞬间应力与变形。而焊后,在室温条件下,残留于构件中的内应力场与宏观变形称为焊接残余应力与焊接残余变形。

由于焊接应力与变形问题复杂,在工作实践中往往采用实验测试与理论分析和数值计算模拟相结合的方法,掌握其规律以达到预测、控制和调整焊接应力与变形的目的。

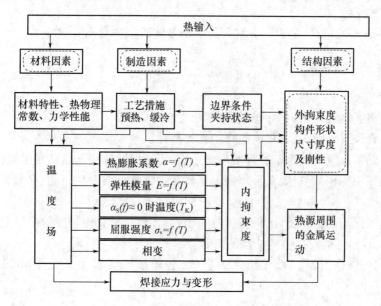

图 4-1　引起焊接应力与变形的主要因素及内在联系

【实验设备及材料】

(1)CO_2 气体保护焊机(NBC - 200 型)、MAG 焊机(POWER350)、气体配比器(291MX)。

(2)气体:CO_2 气体 10 瓶、Ar 气体 2 瓶、混合气体 5 瓶;CO_2 焊丝:牌号为 JQ - MG49 - 1,直径 $\phi = 0.8$ mm,数量为 7 盘。

(3)5 m 卷尺 18 个,直角钢尺 18 个,画线工具若干。

(4)实验所需型钢若干。

(5)剪板机、无齿锯、带锯床等切割设备。

【实验内容及步骤】

1. 实验设计要求

以实验教师所设定的题目为任务,对焊接结构进行设计,设计实验学生以组为单位分别将设计方案(设计结构三视图 CAD 版、下料图、焊接顺序图、焊接规范表)呈交焊接实验教师审阅。

2. 切割材料

审阅通过后,领取各组实验所需材料与相应手工工具,根据图纸切割材料。

3. 组装焊接

切割材料结束后,按照图纸要求进行组装焊接。

4. 教师审核

整个构件完成焊接后,交由焊接实验教师审核。

5. 涂装

达到要求后进行涂装。

6. 交付实验报告

各阶段留下影像记录,将设计方案每人一份及实验报告交实验教师。

【安全及注意事项】

1. 一般注意事项

(1)防止熔滴飞溅灼伤,穿好焊工服,禁止皮肤裸露;

(2)防止紫外线辐射伤害,焊前检查护具完整性;

(3)防止低熔点重金属蒸气和焊接粉尘危害,必须保证焊接现场良好通风;

(4)防止高频灼伤,不仅要保证焊接操作者呼吸空气清洁卫生,而且必须保证焊接现场良好通风;

(5)防止弧光灼伤,一要焊前检查护具完整性,二要选择相应黑度的护目镜片。

2. 焊接实验室可能发生事故的预防措施

火灾、触电、烧伤、烫伤、弧光伤害等事故,必须按照实验室紧急事故处理预案进行处理。

【实验结果处理与分析】

(1)设计焊接结构,画出焊接结构三视图、焊接顺序图、下料图,并制定焊接工艺卡。

(2)对焊接过程中各流程进行影像记录,对焊接过程中的问题进行记录。

【实验问题与讨论】

(1)请指出针对所制作的焊接结构容易产生的变形有哪些,变形产生的原因是什么。

(2)如何控制在实践制造过程中焊接应力集中与焊接变形?采用该种措施的原因。

(3)如何解决焊接过程中出现的问题?解决的理论基础是什么?

【实验报告撰写要求】

实验报告是整个实验完成情况、学生实验技能和实践问题处理能力的集中表现。为规范实验报告的写作,制定其撰写标准。

(1)填写实验报告必须使用学校专用的实验报告纸。

(2)报告的所有内容必须用钢笔、签字笔等墨水笔填写。

(3)一份独立完整的实验报告必须包括以下几部分内容:

①实验编号及题目;

②填写实验报告的日期,实验者专业、年级、班级、学号、姓名,合作者姓名等;

③实验目的;

④仪器用具,注明所有实验仪器的名称、型号、测量范围及精度;

⑤实验原理,包括实验中采用的仪器设备的工作原理、实验方法、相关理论;

⑥实验内容及步骤;

⑦安全注意事项；

⑧实验结果及数据处理，包括数据处理过程及所有的实验测量结果；

⑨问题及讨论，对实验结果进行分析讨论，讨论影响实验不确定度的因素及改进方法，并完成教材中的思考题；

⑩参考文献，如实验报告中用到原始记录以外的数据，或教材中没有涉及到的内容，就必须注明其来源或参考文献。

（4）物理量与单位采用国际单位制。

（5）作图必须用 CAD 处理后用计算机绘制。

（6）表格采用三线表。

（7）每份实验报告应单独装订成册，每页须标明页码。装订时应把有指导教师签名的设计结构三视图 CAD 版、下料图、焊接顺序图、焊接规范表和构件与研制学生照片附在正式报告之后。

（8）实验报告都必须独立完成。

（9）将焊接结构制作流程的影响记录彩色打印，装订在实验数据一栏与实验报告一同上交。

（10）将实验焊接结构作品与该组全体合影照片以电子版形式交实验教师保存。

（11）若实验报告不符合上述规范，可视情况将报告退回重写。

第5章 压 力 焊

实验9 点焊实验

【实验类型】

综合性实验(2学时)。

【实验目的】

(1)了解电阻点焊工艺的基本原理及其焊接接头的形成过程;

(2)熟悉电阻点焊规范参数对熔核尺寸及接头强度的影响规律;

(3)掌握电阻点焊机的规范调节及操作方法。

【实验原理】

1.电阻点焊的原理与特点

电阻点焊是工件组合后通过电极施加压力,利用电流流过接头的接触面及邻近区域产生的电阻热进行焊接的方法。电阻点焊有两大特点,一是焊接热源是电阻热,二是焊接时需施加压力,故也常称为压力焊。

2.电阻点焊

电阻点焊是将准备焊接的两个试片以搭接的形式放置在上下两个电极之间,用电极将试件彼此压紧,利用短时间的强大电流流经试件使产生的电阻热加热熔化试件来实现焊接的。

3.电阻热的产生及作用原理

电阻热主要由电极与试件间的接触电阻(R_{ew})、试件本身的电阻(R_w)以及试件结合面上的接触电阻(R_c)三部分电阻的产热所构成。

通常电极由高导热、低电阻率的铜锆合金制成,其内部中空并以循环水冷却,因此R_{ew}的产热大部分被电极的冷却水带走,所以试件的上下表面处温度很低。用于加热试件的电阻热主要来源于试件本身的电阻 R_w 和试件接触面上的接触电阻 R_c 的产热构成。由于被焊试件多为钢材,其电阻率较大,产热较多。接触电阻 R_c 的产热主要在通电初期起一定作用,随试件加热温度升高,塑性增大,结合紧密,接触电阻迅速下降并消失。从产热和散热条件来看,在两个试件接触面附近,一方面有接触电阻 R_c 产热,另一方面该部位的散热也最慢,因此,其温度上升最快,在强大的焊接电流作用下很短时间内接触面上的温度即可超过材料的熔点而发生熔化,停电以后,在电极压力和冷却的作用下,即可以在被焊试件的界面上形成一个焊点。

如图 5-1 所示,两工件 2 由棒状铜合金电极 1 和 3 压紧后通电加热,在电极压力作用下通以焊接电流,利用工件自身电阻所产生的焦耳热来加热金属,并使焊接区中心部位的金属熔化,形成熔核。一个焊点的基本循环是由预压、通电加热、维持、休止四个阶段组成,电阻点焊简单焊接循环如图 5-2 所示。

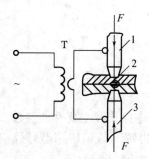

图 5-1　电阻点焊原理图

1,3—电极;2—工件;F—电极力(顶锻力);T—电源(变压器)

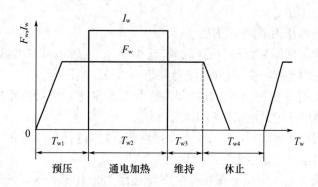

图 5-2　电阻点焊简单焊接循环图

F_w—电极力;I_w—焊接电流;T_w—时间

(1)预压时间 T_{w1}

从电极开始下降到焊接电流开始接通的时间。此阶段 F_w 增长并单独作用,适当的压力保证稳定的接触电阻与导电通路。

(2)焊接时间 T_{w2}

焊接电流通过焊件并产生熔核的时间。此阶段 F_w、I_w 恒定并共同作用。

(3)维持时间 T_{w3}

焊接电流切断后,电极压力继续保持的时间。此阶段 F_w 下降并单独作用,熔核冷却凝固。

(4)休止时间 T_{w4}

从电极开始提起到电极再次下降,准备下一个循环。

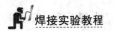

【实验设备及材料】

(1)点焊机；

(2)钳形电流表；

(3)剪板机；

(4)卡尺；

(5)台虎钳；

(6)砂纸。

【实验方法与步骤】

1.认识电阻点焊机的构造、基本操作及主要性能参数

(1)首先关闭电源,在老师的讲解下认识所用型号焊机中的变压器、晶闸管组、次级回路、气动回路以及冷却水回路等主要部分。

(2)观察认识操作面板上的主要功能按钮,学习各规范参数的设定方法。

(3)记录所采用的焊机型号、额定电流、电极压力范围、额定负载持续率、功率因数等参数。

2.电阻点焊工艺操作实验

(1)将待焊接的板用丙酮除油备用。

(2)根据课前预习的结果,分别选择软规范、中等规范、硬规范三组典型参数进行焊接操作实验,观察接头的飞溅与变形情况,测量并记录电极压痕深度。

(3)固定焊接电流不变,从小到大改变焊接时间,分别进行焊接操作实验,观察接头的飞溅与变形情况,测量并记录电极压痕深度。

(4)固定焊接时间不变,从小到大改变焊接电流,分别进行焊接操作实验,观察接头的飞溅与变形情况,测量并记录电极压痕深度。

(5)将焊接接头分别在虎钳上剥开或在拉力机上拉断,用游标卡尺测量其熔核直径,并将所得的数据记录到表5-1中。

【安全及注意事项】

1.一般注意事项

(1)在电阻焊操作时,往往会有严重的飞溅发生,操作者要穿厚的纯棉工作服,同时佩戴防热手套和护目眼镜进行焊接操作。

(2)准备踩下控制踏板时,操作者脸要偏向一侧,其他人亦不可正视焊接区域,防止飞溅伤脸。同时要保证身体的任何部位都不在电极的下方区域。

2.实验中可能发生的事故及应急处理措施

(1)发生压伤手指或飞溅烫伤是电阻焊常见的危险事故,要立即就医。

(2)少数操作人员会有电击感,一般属于静电释放,不会对操作人员造成伤害。

【实验结果处理与分析】

(1)在坐标纸上分别画出电阻点焊熔核尺寸与焊接电流、焊接时间的关系曲线。

(2)根据实验结果,分析焊接电流、焊接时间对熔核压痕深度和飞溅大小的影响。

(3)绘制出电阻对焊实验顶锻压力、焊接电流对接头强度的影响曲线。

(4)将电阻点焊操作实验数据记录表 5 – 1 中。

表 5 – 1　电阻点焊操作实验数据记录表

试样编号	焊接电流/A	焊接时间/s	焊接压力/kN	飞溅情况	熔核尺寸/mm	压痕深度/mm	备注
1							软规范
2							中等规范
3							硬规范
4							固定焊接电流，改变焊接时间
5							
6							
7							
8							
9							固定焊接时间，改变焊接电流
10							
11							
12							
13							

【实验问题与讨论】

(1)说明电阻点焊的特点及主要应用领域。

(2)对于电阻点焊,软规范和硬规范各有什么特点? 对于一个具体的焊接接头,应该从哪几个方面来考虑究竟是选用硬规范还是软规范?

(3)为什么电极压力大,焊点反而小,为什么?

【实验报告撰写要求】

(1)实验前要求做好预习,重点是查找相关手册,选定本实验用板厚情况下电阻点焊的软规范、中等规范以及硬规范的推荐工艺参数;选定本实验用直径钢棒对焊的推荐工艺参数。

(2)实验报告内容应包括以下内容:

①实验名称;

②实验目的;

③实验内容与实验步骤,包括实验内容、原理分析及具体实验步骤;

④实验设备及材料,包括实验所使用的器件、仪器设备名称及规格;

⑤实验结果,包括实验数据的处理与分析方法,填写实验结果记录表,绘制实验曲

线等;

⑥回答思考与讨论题目,总结实验的心得体会等内容。

(3)实验曲线要求用铅笔手工绘制在坐标纸上。曲线应该刻度、单位标注齐全,比例合适、美观,并针对曲线作出恰当的标注,图要具有自明性。

(4)实验报告书写在专用实验报告纸上,要求用钢笔正楷字体规范填写,绘图要用直尺等绘图工具。

实验 10　对 焊 实 验

【实验类型】

综合性实验(2 学时)。

【实验目的】

(1)了解电阻对焊工艺的基本原理及其焊接接头的形成过程;
(2)熟悉电阻对焊规范参数对于接头机械性能的影响规律;
(3)掌握电阻对焊机的规范调节及操作方法。

【实验原理】

1. 电阻焊的原理及特点

电阻焊是工件组合后通过电极施加压力,利用电流流过接头的接触面及邻近区域产生的电阻热进行焊接的方法。电阻焊有两大特点,一是焊接热源是电阻热,二是焊接时需施加压力,故也常称为压力焊。

2. 电阻对焊原理

电阻对焊如图 5－3 所示,焊接时将工件 2 置于夹具(电极)3 中夹紧,并使两工件端面压紧,然后通电加热,电阻对焊接头的形成是由于原子间结合力的作用。当工件端面及附近金属被加热到一定温度时,断电并突然增大压力进行顶锻,两工件便在固态下对接起来。

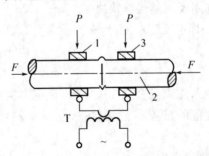

图 5 – 3　电阻对焊原理图

1,3—电极;2—工件;F—电极力(顶锻力);T—电源(变压器)

电阻对焊是由于电阻加热的结果增加原子的活泼性,改善了塑性变形的条件,消除了不利于焊接的弹性力。同时,电阻对焊是属于高温塑性状态下的焊接,焊件在高温下通过塑性变形容易在结合面产生共同晶粒形成接头。电阻对焊的主要规范参数有焊接电流 I_w、通电时间 T_w、焊接压力 F_w、顶锻压力 F_a 以及伸出长度 L 等。

电阻对焊焊接循环由预压、加热、顶锻、保持、休止等程序组成,如图 5 - 4 所示。其中预压、加热、顶锻三个连续阶段组成电阻对焊接头形成过程,而保持、休止阶段是电阻对焊操作中的必须流程。在等压式电阻对焊中,保持与顶锻两阶段合并。

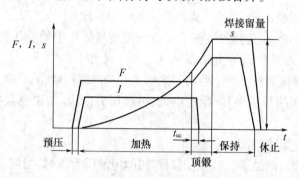

图 5 - 4　变压力电阻对焊焊接循环图

F—压力;I—电流;s—位移

（1）预压阶段

预压阶段的机—电过程特点和作用于点焊焊接循环中的预压相同,只是由于对口接触表面上压强小,使清除表面不平和氧化膜、形成物理接触点的作用远不如点焊充分。

（2）加热阶段

这是电阻对焊过程中的主要阶段。在热—机械（力）联合作用下,对口接触表面及其邻近区域发生一系列变化。

①通电加热开始,一些接触点被迅速加热、温度升高、压溃而使接触面紧密贴合进入物理接触;

②随着通电加热进一步进行,对口温度急剧升高,在某一时刻将有:沿对口端面温度分布均匀,沿焊件长度方向形成一合适温度场。这一温度场可以看作由端面接触电阻与焊件电阻所产生的热共同作用的结果。

③随着通电加热继续进行,在压力作用下焊件发生塑性变形。由于温度场分布的特点,该塑性变形主要集中在对口接触表面及其邻近区域。

④若在空气中加热,金属氧化严重,对口中易生成氧化物夹渣。若在真空、惰性气体（Ar,He）保护或还原性气体（H_2,CO）保护中加热能避免或减少氧化。

（3）顶锻阶段

顶锻有两种方式:一种是顶锻力等于焊接压力即等压力电阻对焊,另一种是顶锻力大于焊接压力即变压力电阻对焊。变压力电阻对焊与等压力电阻对焊相比,加压机构复杂,焊接效果好。为了获得足够的塑性变形和进一步改善焊接质量,往往还设有电顶锻程序（图 5 - 4 中 t_{uc} 阶段）。

【实验设备及材料】

（1）任意型号对焊机;

（2）大电流测试仪;

（3）卡尺、卷尺；

（4）除锈设备；

（5）对焊用低碳钢棒若干根（$\phi = 8$ mm）。

【实验方法与步骤】

1. 认识电阻对焊机的构造、基本操作及主要性能参数

（1）首先关闭电源，在老师的讲解下认识所用型号焊机中的变压器、晶闸管组、次级回路、气动回路以及冷却水回路等主要部分；

（2）观察认识操作面板上的主要功能按钮，学习各规范参数的设定方法；

（3）记录所采用的焊机型号、额定电流、电极压力范围、额定负载持续率、功率因数等参数。

2. 电阻对焊工艺操作实验

（1）根据课前预习的结果，设定电阻对焊机的顶锻压力、焊接时间、伸出长度、焊接电压等规范参数。

（2）进行电阻对焊操作实验。实验过程中观察飞溅情况，焊后观察接头的成形情况。

（3）将对焊接头在拉伸试验机上进行拉伸实验，测量其抗拉强度，并将所有数据记录到表5-2中。

【安全及注意事项】

1. 一般注意事项

（1）在电阻对焊操作时，会有严重的飞溅发生，操作者要穿纯棉工作服，同时佩戴防热手套和护目眼镜进行焊接操作；

（2）准备施焊时，其他人不可处于与焊接接触面方向左右各15°范围内亦不可正视焊接区域，防止飞溅伤脸。

2. 实验中可能发生的事故及应急处理措施

（1）发生压伤手指或飞溅烫伤是电阻对焊常见的危险事故，要立即就医；

（2）少数操作人员会有电击感，一般属于静电释放，不会对操作者造成伤害。

【实验结果处理与分析】

1. 记录实验数据

将电阻对焊规范参数对焊接接头质量的影响数据填入表5-2中。

表5-2 电阻对焊规范参数对焊接接头质量的影响

试样编号	次极电压/V	焊接压力/kN	焊接时间/s	伸长量/m	顶锻压力/kN	焊接接头质量（焊缝成形、有无毛刺）	抗拉强度/kN
1							
2							
3							

表 5-2(续)

试样编号	次极电压/V	焊接压力/kN	焊接时间/s	伸长量/m	顶锻压力/kN	焊接接头质量(焊缝成形、有无毛刺)	抗拉强度kN
4							
5							
6							

2. 绘制曲线

对电阻对焊实验,分别绘制出顶锻压力、焊接电流对接头强度的影响曲线。

【实验问题与讨论】

(1)说明电阻对焊的特点及主要应用领域。

(2)为什么电阻对焊接头会出现翻边现象,有什么作用?

【实验报告撰写要求】

(1)实验前要求做好预习,重点是查找相关手册,选定本实验用板厚情况下电阻点焊的软规范、中等规范以及硬规范的推荐工艺参数;选定本实验用直径钢棒对焊的推荐工艺参数。

(2)实验报告内容应包括以下内容:

①实验名称;

②实验目的;

③实验内容与实验步骤,包括实验内容、原理分析及具体实验步骤;

④实验设备及材料,包括实验所使用的器件、仪器设备名称及规格;

⑤实验结果,包括实验数据的处理与分析方法,填写实验结果记录表,绘制实验曲线等;

⑥回答思考与讨论题目,总结实验的心得体会等内容。

(3)实验曲线要求用铅笔手工绘制在坐标纸上。曲线应该刻度、单位标注齐全,比例合适、美观,并针对曲线作出恰当的标注,图要具有自明性。

(4)实验报告书写在专用实验报告纸上,要求用钢笔正楷字体规范填写,绘图要用直尺等绘图工具。

第6章 钎焊实验

实验11 钎料的铺展性实验

【实验类型】

综合性实验(2学时)。

【实验目的】

(1)掌握钎焊的基本原理及应用特点;

(2)了解钎料润湿性及影响因素;

(3)了解钎剂去膜对改善钎料润湿性的作用规律。

【实验原理】

1.钎焊的基本概念、分类和特点

(1)钎焊的概念

钎焊就是在低于母材熔点、高于钎料熔点的温度下加热,通过液态钎料与母材之间润湿、铺展、溶解、扩散作用,凝固结晶进而实现原子间结合的一种材料连接方法。

(2)钎焊的分类

根据钎料熔点的不同,按照国家标准将钎焊分为软钎焊(钎料液相线温度低于450 ℃)与硬钎焊(钎料液相线温度高于450 ℃)。

(3)钎焊的特点

①与熔焊相比钎焊具有的特点

a.钎焊加热温度低,钎缝周围大面积均匀受热,变形和残余应力均较小,对母材组织与性能影响小,容易保证焊后工件的尺寸精度;

b.可以实现异种金属或合金、金属与非金属的连接;

c.焊接生产效率高,通过与焊接设备匹配,一次可焊成几十条或成百条焊缝;

d.钎料的选择范围较宽,为了防止母材组织和特征的改变,可以选用液相线温度相应低的钎料,熔焊则没有这种选择的余地。

②与扩散焊相比钎焊具有的特点

a.钎焊的加热温度较高;

b.钎焊设备成本低于扩散焊;

c.钎焊焊接速度高于扩散焊。

2. 钎焊方法的优缺点

（1）钎焊方法的不足之处

①钎料与母材的成分和性质多数情况下不可能完全相同，接头与母材间会产生不同程度的电化学腐蚀，而且接头强度一般低于母材；

②钎焊使用的钎剂具有腐蚀性，后期处理不净会影响焊接接头使用寿命。

（2）钎焊方法的优点

钎焊技术适用于连接不同种类、形状特殊、结构复杂的工件，具有一次可以同时焊接多个焊缝的能力，在电力电子、航空航天、能源交通等领域应用广泛。

3. 钎料的润湿性及影响因素

（1）钎料的润湿与铺展

钎焊时，熔化的钎料与固态母材接触，液态钎料必须很好地润湿母材表面才能填满钎缝。将某液滴置于固体表面，如液滴和固体界面的变化能使液 – 固体系自由能降低，则液滴将沿固体表面自动流开铺平，呈现如图 6 – 1 所示的状态，这种现象称为铺展。图 6 – 11 中 θ 称为润湿角，δ_{SG}，δ_{LG}，δ_{LS} 分别表示固 – 气、液 – 气、液 – 固界面间的界面张力。铺展终了时，在 O 点处这几个力应该平衡，即

$$\delta_{SG} = \delta_{LS} + \delta_{LG}\cos\theta \qquad (6-1)$$
$$\cos\theta = (\delta_{SG} - \delta_{LS})/\delta_{LG} \qquad (6-2)$$

由式（6 – 2）可见，润湿角 θ 的大小与各界面张力的数值有关。θ 角大于还是小于 90°，需视 δ_{SG}，δ_{LS} 的大小而定。若 $\delta_{SG} > \delta_{LS}$，则 $\cos\theta > 0$，即 $0° < \theta < 90°$，此时我们认为液体能润湿固体，如水对于玻璃等；若 $\delta_{SG} < \delta_{LS}$，则 $\cos\theta < 0$，即 $90° < \theta < 180°$，这种情况称为液体不润湿固体，如水银在玻璃上就是如此。这种状况的极限情况是 $\theta = 0°$，称为完全润湿；$\theta = 180°$，称为完全不润湿。因此，润湿角是液体对固体润湿程度的量度。

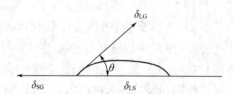

图 6 – 1　液滴在固体表面的平衡条件

（2）影响钎料润湿性的因素

实践经验表明，下述因素对钎料润湿性影响甚大。

①钎料和母材的成分

钎料和母材的成分对润湿性的影响存在以下的规律：如钎料与母材在液态和固态均不互相作用，则它们之间的润湿性很差；若钎料能与母材互相溶解或形成化合物，则液态钎料能很好地润湿母材。

②温度的影响

温度升高，钎料的表面张力降低，有助于提高钎料的润湿性。为了使钎料具有必要的润湿性，选择合适的钎焊温度是很重要的，但并非加热温度越高越好。温度过高，钎料的润湿性太强，往往造成钎料流失，即钎料流散到不需要钎焊的地方去。温度过高还会引起母材晶粒长大、溶蚀等现象。因此，必须全面考虑钎焊加热温度的影响。

③金属表面氧化物的影响

金属表面总是存在着氧化物。在有氧化物的金属表面上,液态钎料往往凝聚成球状,不与金属发生润湿。氧化物对钎料润湿性的这种有害作用是由于液体钎料与氧化物界面的表面张力高于液体钎料与金属本身界面的表面张力所致。

④钎剂的影响

钎焊时使用钎剂可以清除钎料和母材表面的表面氧化膜,改善润湿性。如,用锡铅钎料钎焊时常用的一种钎剂是氯化锌水溶液。氯化锌能降低锡铅钎料与母材间界面的表面张力,因而有助于提高润湿性。

⑤母材表面状态的影响

母材的表面粗糙度对与它相互作用弱的钎料的润湿性有明显的影响。这是因为较粗糙母材表面上的纵横交错的细槽对液态钎料起到特殊的毛细管作用,促进液态钎料沿母材表面的铺展,改善润湿性。但是,表面粗糙度的特殊毛细管作用在液态钎料同母材相互作用较强烈的情况下不能表现出来,因为这些细槽迅速被液态钎料溶解而不复存在。

⑥表面活性物质的影响

凡是能使溶液表面张力显著减小而因发生正吸附的物质,称为表面活性物质。因此,当液态钎料中加有它的表面活性物质时,它的表面张力将明显减小,对母材的润湿性因而得到改善。表面活性物质这种有益作用已在生产中加以利用。

4.钎焊时去膜的必要性及钎剂选择

(1)钎焊时去膜的必要性

母材表面氧化膜的存在,使得液态钎料不能润湿母材。同样,若液态钎料被氧化膜包裹,也不能在母材上铺展。因此,要实现钎焊过程并得到质量好的接头,母材和钎料表面氧化膜的彻底清除,是十分重要的。

(2)钎焊时去膜的方法与作用

目前,钎焊技术中采用了钎剂、气体介质、机械方法和物理方法清除金属表面氧化膜。钎剂去膜是目前使用得最广泛的一种方法。钎剂在去膜过程中起着下列作用:清除母材和钎料表面的氧化物;为液态钎料在母材上铺展填缝创造必要的条件;以液体薄层覆盖母材和钎料表面,隔绝空气而起保护作用;起界面活性作用,改善液态钎料对母材的润湿。

(3)钎剂选择

要达到上述目的,必须根据所用母材和钎料的特性,配制或选用具有以下性能的钎剂:钎剂应具有溶解或破坏母材和钎料表面氧化膜的足够能力;钎剂的熔点和最低活性温度应低于钎料熔点;钎剂应具有良好的热稳定性;在钎焊温度范围内,熔化的钎剂应该黏度小、流动性好;钎剂及其残渣不应对母材和钎缝有强烈的腐蚀作用;钎焊后钎剂的残渣应当容易清除。此外,还应适当考虑原料供应的难易及经济合理性。

【实验设备及材料】

(1)箱式电阻炉;

(2)电子天平;

(3)电子计时器;

(4)电子测厚仪;

(5)夹钳;

（6）铜板；

（7）钎料；

（8）无水乙醇；

（9）丙酮；

（10）砂纸；

（11）钎剂。

【安全及注意事项】

1. 实验安全

（1）一般注意事项

①穿好焊工服，禁止皮肤裸露；

②焊前检查好护具的完整性；

③防止低熔点重金属蒸气和焊接粉尘危害，必须保证焊接现场良好通风；

④要选择相应黑度的护目镜片。

（2）焊接实验室可能发生事故的预防措施

火灾、触电、烧伤、烫伤、等事故，必须按照实验室紧急事故处理预案进行处理。

2. 实验设备操作注意事项

（1）熟悉设备操作守则；

（2）在实验教师指导下严格按照实验室设备操作规范操作。

【实验方法与步骤】

铺展性实验参照中华人民共和国国家标准 GB/T—11364—89《钎料铺展性及填缝性试验方法》。

1. 试样的制备

（1）铜板的制备

①在薄铜板上截取 40 mm×40 mm 的铜片，厚度为 1 mm。每种成分的钎料截取三组，共 9 片铜片。

②用 400# 砂纸将铜片打磨光滑，去掉表面氧化层，使铜片表面光洁平整。

③用酒精和丙酮将打磨好的铜片清洗干净，干燥后待用。

（2）钎料球的制备

①预热电子分析天平半小时，称量钎料球的质量。

②将钎料用夹线钳剪成 0.2 g 的小球，尽量保证小球的圆润均匀，以提高其润湿效果。若采用 200# 砂纸摩擦以提高其圆润度，应注意在铺展前用超声波清洗器将球内的砂粒洗出。

（3）腐蚀性钎剂的制备

腐蚀性钎剂按 $ZnCl_2$ 1 130 g、NH_4Cl 110 g、H_2O 4 L 的比例进行配置。

腐蚀性钎剂可以去除铺展面的氧化层，利于钎料的铺展，但也会带来腐蚀问题。选择腐蚀性钎剂就是为了使试样得到良好的铺展效果。其中，$ZnCl_2$ 的熔点偏高，高于钎料的熔化温度，若选它作为钎剂，其未熔化的颗粒会夹于钎焊接头中，这些夹杂物会腐蚀及减弱接头的强度。解决的办法就是将 $ZnCl_2$ 与其他氯化物混合（如上述的 NH_4Cl），以降低钎剂的熔点。

2. 润湿性实验

（1）使用前电阻炉需要预热，但只需 10 ~ 15 min 的时间，预热过程中将温度控制在 280 ℃左右，超过钎料熔点 30 ℃为宜。

（2）用无水乙醇和丙酮清洗称量好的钎料球，干燥后置于铜试板中心部位，滴上 $ZnCl_2$ 和 NH_4Cl 钎剂，使其覆盖钎料，以得到较理想的铺展效果。

（3）用镊子将铜片平稳地夹到加热板上，开始计时，时间控制在 75 s 内。静待钎料球的铺展，可观察到钎剂首先被加热蒸发后，钎料球开始熔化，铺展面积逐渐扩展。

（4）计时至 75 s 左右，用镊子将铜片从加热板上慢慢夹走。此过程同样要保持缓慢平稳，以避免铺展面因动作的剧烈而抖散。

【实验结果处理与分析】

实验过程中观察钎剂的去膜效果，测定钎料的铺展面积，以 cm^2 为单位，记录钎料铺展后表面状态，分析钎剂在改善钎料润湿性中所起到的作用。观察测量并将记录数据填入表 6-1 中。

记录加热炉型号、环境温度、湿度与大气压。

表 6-1　钎料铺展实验数据记录

试样编号	母材		钎料			钎剂		加热炉	
	成分	尺寸	成分	形状	用量	成分	用量	加热温度	加热时间
1									
2									
3									
4									
5									
6									

【实验问题与讨论】

（1）钎焊过程中影响钎焊质量的主要因素有哪些？

（2）如果没有钎剂钎焊后的去除工作，对钎焊质量会有什么影响？

【实验报告撰写要求】

（1）上实验课前要做好预习工作，熟悉实验目的、实验原理、实验内容，了解实验步骤与所使用的仪器设备，填写实验预习报告。实验预习报告包括班级学号、姓名、所在组别、撰写日期、实验名称、实验目的、实验原理、实验原始数据记录（记录仪器名称、仪器型号、仪器测量的不确定度）。上课时统一交给实验教师。

（2）实验报告包括以下几部分内容：

①实验名称；

②实验目的；

③实验内容与实验步骤，其中包括详尽的实验内容、原理分析与具体实验步骤；

④实验设备及材料，包括实验所采用的材料的基本数据、仪器设备名称与型号；

⑤实验结果，包括实验数据处理与分析方法，填写实验数据记录表，汇总实验曲线等；

⑥回答实验问题，讨论实验问题，总结实验心得等。

第7章 焊接检验

实验 12 超声波探伤实验

【实验类型】

综合性实验(2 学时)。

【实验目的】

(1)了解超声波探伤仪、探头和试块的性能及使用方法;

(2)熟悉焊缝的超声波探伤相关标准的内容及要求;

(3)掌握焊缝的超声波探伤方法及缺陷的评定方法。

【实验原理】

超声波是超声振动在介质中的传播,其实质是以波动形式在弹性介质中传播的机械振动。超声波检测常用的频率为 2~5 MHz。较低频率的超声波用于粗晶材料和衰减较大材料的检测,较高频率的超声波用于细晶材料和高灵敏度的检测。对于某些特殊要求的检测,超声波的工作频率可达 10~50 MHz。近年来,超声探头的工作频率有的已高达100 MHz。

超声波探伤主要是通过测量信号往返于缺陷的穿越时间,来确定缺陷和表面间的距离;通过测量回波信号的幅度和发射换能器的位置,来确定缺陷的大小和方位。这就是通常所说的脉冲反射法或 A 扫描法。此外还有 B 扫描和 C 扫描等方法,B 扫描可以显示工件内部缺陷的纵截面图形,C 扫描可以显示工件内部缺陷的横剖面图形。

超声波检测对于平面状的缺陷(例如裂纹),只要波束与裂纹平面垂直就可以获得很高的缺陷回波。但对于球状缺陷(例如气孔)若缺陷不是很大或不是很密集,就难以获得足够的回波。超声波检测最大的优点就是对裂纹、夹杂、折叠、未焊透等类型的缺陷具有很高的检测能力;超声波检测的不足是难以识别缺陷种类。利用 A 扫描法,根据缺陷发生的位置,即采用各种扫描方法,对缺陷种类的判别仍需有高度熟练的技术。

本实验采用 A 型显示超声探伤仪横波脉冲反射法(简称横波探伤法)探测对接焊缝内部缺陷。

横波探伤法是采用斜探头将声束倾斜入射工件表面进行探伤。其原理如图 7-1 所示。这种方法能够发现与探测表面成角度的缺陷,常用于焊缝、环状锻件以及管材的检测。超声波探伤在石油化工、压力容器和航空航天领域的应用非常广泛。目前常用的标准是 GB/T11345—1989《钢焊缝手工超声波探伤方法和探伤结果分级》,本标准规定了检验焊缝及热影响区缺陷,确定焊缝位置、尺寸和缺陷评定的一般方法及探伤结果的分级方法。

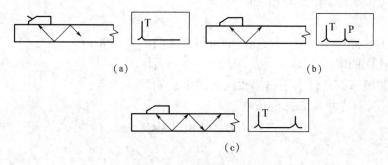

图 7-1　超声波横波法探伤原理示意图

【实验设备及材料】

1. 实验设备
(1)CTS 型超声波探伤仪;
(2)斜探头;
(3)CSK - ⅠA 试块;
(4)CSK - ⅢA 试块;
(5)耦合剂;
(6)钢板尺。
2. 实验材料
(1)具有人工缺陷的钢板对接焊接试样(材质可选用 20 号钢或其他低碳钢);
(2)坐标纸;
(3)记号笔;
(4)铅笔。

【实验内容及步骤】

1. 实验前准备
(1)了解被检工件的材质、焊接时所采用的坡口形式、焊接方法及过程,熟悉实验过程所使用标准的内容。
(2)根据被检工件的厚度和探伤标准的要求选择合适的探头。
2. 测定探头前沿
把探头放在 CSK - ⅠA 试块上,前后移动探头,找出 $R = 100$ mm 时圆弧面的最大反射波,固定探头,用钢直尺测量出 $L_圆$ 的数值,则

$$L_0 = 100 - L_圆 \tag{7-1}$$

按上述方法测三次,并求出平均值。
3. 探头 K 值的测定
探头 K 值可以在 CSK - ⅠA 试块上测定,也可以在 RB - 1 或 RB - 2 试块上测定。利

用 CSK - ⅠA 试块测试方法如下所述。

(1)将探头放在图示位置,找到反射体的最大波幅;

(2)用直尺量出 x_1;

(3)用以下公式计算出 K 值,即

$$K = (x_1 + L_0 - 35)/30 \qquad (7 - 2)$$

按上述方法测三次,并求平均值,即可得到探头的实测 K 值。

4. 探伤比例的调整

水平定位调节探伤仪水平扫描线比例的方法如下。

如图 7 - 2,首先求出 L 边的长度,即

$$L_{100} = 100 \times \sin\beta \qquad (7 - 3)$$

$$L_{50} = L_{100} \times 1/2 \qquad (7 - 4)$$

把探头放在 CSK - ⅠA 试块上,前后移动探头,找出 R_{100} 圆弧面的最大反射波;然后平移探头,使荧光屏上同时出现 R_{100} 和 R_{50} 两个弧面的反射波,如图 7 - 2 所示;然后用水平和微调旋钮把 BR_{100} 和 BR_{50} 同时对准 L_{100} 和 L_{50} 的位置,这时水平定位 1∶1 的比例调节完毕。

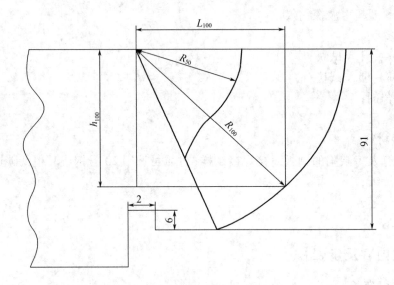

图 7 - 2 在 CSK - ⅠA 试块上调节探伤仪水平扫描线比例的方法

也可以按照深度定位的方法进行调整比例。

5. 在标准试块上测定标准反射体的波高

(1)首先确定基准波高为满幅度的 80%。

(2)把仪器的增益和发射强度开到最大位置,把探头放在图 7 - 3 中 1 的位置,前后移动探头找出该横通孔的最大反射波高,用衰减器把反射波调到基准波高,记录下此时的衰减器读数,则第一个孔测试完毕。

(3)第一个孔测试完毕后把探头移到图 7 - 3 中 2 的位置,测试方法同位置 1,以此类推,一直到 4 的位置,即全部测试完毕。

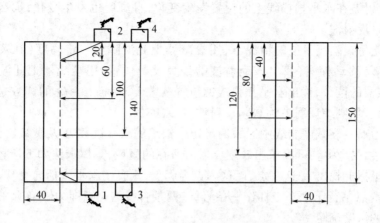

图7-3 距离波幅曲线制作过程示意图

6. 距离 - 波幅曲线的制作

将定量线数据描绘在坐标纸上, 依据 GB/T11345—1989 中 7.2.2 节和检测等级, 从图可得到判废线和评定线, 如图 7-4 所示。

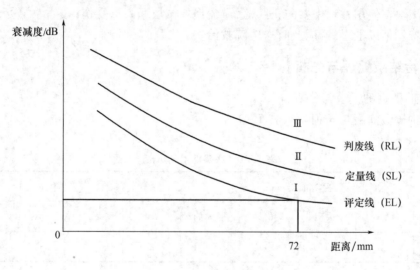

图7-4 距离 - 波幅曲线

7. 探伤起始灵敏度的确定

假设被探工件板厚为 18 mm, $K = 2$, 距离(水平) - 波幅曲线如图 7-4 所示, 则 2 倍板厚的水平距离为 $L_{水平} = 2 \times 18 \times 2 = 72$ mm。

在图中的水平坐标 72 mm 处向上做一条垂直于水平坐标的直线交于评定线上的 B 点, 以 B 点为起点向衰减度坐标(荧光屏所显示的横坐标)作一条垂线交于 C 点, C 点的衰减度读数即为探伤起始灵敏度。

8. 对焊缝进行探伤

在探伤扫查过程中, 探头垂直于焊缝呈锯齿形运动。探头的移动距离为 $P \geqslant 2TK +$ 50。在探伤扫查过程中, 若在荧光屏上发现有高于满刻度的反射波, 这个反射波随着距离的变化,反射波在水平扫描线上的位置发生变化,且高度也发生变化,那么这个反射波有可能是缺陷反射波。

在有可能是缺陷反射波的情况下,用衰减器把此波降到一定高度(在荧光屏上伤波清晰的情况下)移动探头,找出该反射波的最大反射位置,用衰减器把此波打到基准波高,读出衰减器的读数,读出水平扫描线的位置读数 L_f,判断 $L_f - L_0$ 的读数是否在焊缝区域,若在焊缝区域则该反射波为缺陷反射波,反之亦然。

缺陷在距离 – 衰减度曲线中区域的确定。缺陷的水平读数 L_f 及衰减度读数 φ_f,用 L_f 和 φ_f 两个读数在途中就可以求出缺陷反射波所在的区域,具体求法如下所述。

在水平坐标上找出 L_f 这一点,以这一点为起点,垂直于水平坐标向上作一条直线,以 φ_f 的读数为起点平行于水平坐标作一条直线,两条直线的交点即为缺陷所在的区域。

9. 缺陷的深度确定

(1)若是一次声程探测到的缺陷,则缺陷的深度 $h_f = L_f/K$。

(2)若是二次声程探测到的缺陷,则缺陷的深度 $h_f = 2\delta - L_f/K(\delta$ 为板厚)。

【安全及注意事项】

(1)实验过程防止触电;

(2)试块在使用过程中要防止跌落,避免损坏试块和人员受伤;

(3)若发生以上事故,应及时送医院救治。

【实验结果处理与分析】

1. 实验数据的记录与分析

(1)将探头前沿与 K 值填入表 7 – 1 中。

表 7 – 1　探头前沿与 K 值

名称	探头前沿/mm				K 值			
测量次数	L_1	L_2	L_3	平均值	K_1	K_2	K_3	平均值
测量值								

(2)将缺陷长度等记录到表 7 – 2 中。

表 7 – 2　缺陷记录

名称	缺陷长度/mm			缺陷深度/mm	缺陷所在区域
	X_1	X_2	长度		
测量值					

2. 对缺陷的处理

对探测到的缺陷对照标准进行评级,并在图 7 – 5 上标出缺陷的位置。

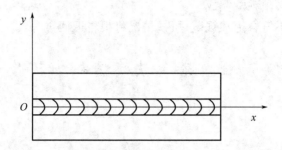

图7-5 探伤用焊板及缺陷定位用参考坐标系

【实验问题与讨论】

（1）试分析对焊缝进行超声波探伤时，如何正确选择探头？

（2）试分析与讨论影响制作距离－波幅曲线的因素有哪些？

（3）如何判断所得到的缺陷是通过一次声程还是二次声程发现的？

（4）本次实验的感受是什么，对该实验有何建议？

【实验报告撰写要求】

实验报告是整个实验完成情况、学生实验技能和数据处理能力的集中表现。为规范实验报告的写作，制定其标准如下。

（1）填写实验报告必须使用学校专用的实验报告纸。

（2）报告的所有内容必须用钢笔、签字笔等墨水笔填写。

（3）一份独立完整的实验报告必须包括以下几部分内容：

①实验编号及题目；

②填写实验报告的日期，实验者专业、年级、班级、学号、姓名，合作者姓名等；

③实验目的；

④仪器用具，注明所有实验仪器的名称、型号、测量范围及精度；

⑤实验原理，包括实验中采用的仪器设备的工作原理、实验方法、相关理论；

⑥内容及步骤；

⑦安全注意事项；

⑧实验结果及数据处理，包括数据处理过程及所有的实验测量结果；

⑨问题及讨论，对实验结果进行分析讨论，讨论影响实验不确定度的因素及改进方法，并完成教材中的思考题；

⑩参考文献，如实验报告中用到原始记录以外的数据，或教材中没有涉及到的内容，就必须注明其来源或参考文献。

（4）物理量与单位采用国际单位制。

（5）作图必须用铅笔在白版纸上手工绘制或将显微镜所记录图片彩色打印。

（6）表格采用三线表。

（7）每份实验报告应单独装订成册，每页须标明页码。装订时应把有指导教师签名的预习报告和原始数据附在正式报告之后。

（8）实验报告都必须独立完成。

（9）若实验报告不符合上述规范，可视情况将报告退回重写。

实验13　着色法渗透探伤实验

【实验类型】

综合性实验（2学时）。

【实验目的】

（1）了解渗透探伤剂和试块的性能及使用方法；

（2）熟悉焊缝的渗透探伤相关标准的实验内容及要求；

（3）掌握焊缝等非空性材料的着色渗透探伤及缺陷的评定方法。

【实验原理】

1. 着色探伤的作用原理及应用

在被检测工件表面涂抹某些渗透能力较强的渗透液，在毛细作用下，渗透液被渗入到工件表面开口的缺陷中，然后去除工件表面上多余的渗透液（保留渗透到表面缺陷中的渗透液），再在工件表面涂上一层显像剂，缺陷中的渗透液在毛细作用下重新被吸收到工件表面，从而形成缺陷的痕迹。根据在白光下观察到的缺陷显示痕迹，作出缺陷的评定，着色渗透探伤流程示意图如图7－6所示。

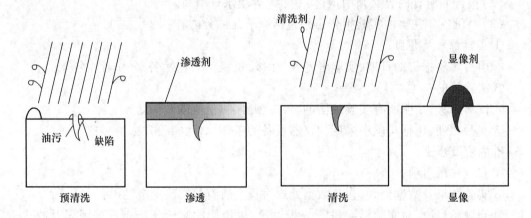

图7－6　着色渗透探伤流程示意图

着色渗透探伤广泛应用于石油化工、压力容器、航天航空以及海洋构件等方面的表面开口缺陷中。该方法既适用于金属材料，也适用于非金属材料，特别是对于野外没有电源的地方，或者是由于结构等原因不易被磁化不能选择磁粉探伤，而只能选择渗透探伤的材料，这是该方法的独特优势所在。

2. 影响着色渗透探伤灵敏度的因素

本探伤方法常用的标准有《承压设备无损检测：渗透检测》JB/T4730.5—2005，本标准适用于非多孔性金属材料或非金属材料制承压设备在制造、安装及使用中产生的表面开口缺陷的检测。影响着色渗透探伤灵敏度的因素如下。

（1）着色液的渗透时间

由于工件表面的缺陷中存在空气,妨碍着色液的迅速渗入。如果渗透时间过短,不能保证着色液很好地渗入并填满缺陷。因而影响着色探伤的灵敏度。一般渗透时间控制在 10 ~ 15 min。

（2）着色液的渗透性

着色液的表面张力小,渗透性强,易于渗入微小的缺陷中,可以发现微小缺陷,探伤灵敏度高。着色探伤的灵敏度一般为 0.01 mm,深度不小于 0.03 ~ 0.04 mm。

（3）着色液颜色

着色液颜色对探伤灵敏度影响也很大,颜色鲜明,则易于发现缺陷;如果颜色差别小,微小缺陷很难被发现。

（4）工件表面多余着色液的清洁

工件表面多余着色液的清洁,一般用水清洗。冲洗不干净,则显像剂被染色,造成缺陷判别困难。若冲洗过分,又会将缺陷中的着色液冲掉,使缺陷无法显现。清洁时先用表面活性剂洗一下,再用水冲洗,这样可使工件表面多余的着色液易于清除。冲水时,水流要与工件表面平行,防止将缺陷中的着色液冲出。水流速度控制在 1 L/min。

（5）观察时间

微小缺陷出现时间较迟,太早观察不能发现它。通常显影 15 ~ 30 min 后再进行观察。

除上述因素外,着色液温度、工件温度、显像剂的粒度等都会影响着色探伤灵敏度。

【实验设备及材料】

1. 实验设备

（1）溶剂去除型着色探伤剂一套(包括渗透剂 1 瓶,显像剂 2 瓶,清洗剂 3 瓶);

（2）对比试块;

（3）白光灯;

（4）放大镜;

（5）钢丝绳;

（6）砂纸;

（7）锉刀;

（8）无绒布或纱布;

（9）量具。

2. 实验材料

具有表面开口缺陷的钢板对接焊接式样(材质可选用 20 号钢或其他低碳钢)。

【实验内容及步骤】

根据图 7 - 6 所示流程,进行实验。

1. 实验前准备

了解被检测工件的材质、焊接时所采用的坡口形式、焊接方法及过程,熟悉实验过程所使用的标准的内容。

2. 预处理

先用钢丝刷、砂纸、锉刀等工具清理焊缝检测区及其四周约 25 mm 的扩展区域,去除焊板表面的锈迹等污物,再用清洗剂清洗焊板受检表面,去除油污和污垢。

3. 渗透

将渗透液喷涂于清洗干净的焊板受检面,渗透时间为 10 min,环境温度为 15 ~ 50 ℃。渗透期间渗透液需保持受检面润湿。

4. 表面渗透液去除

渗透完毕后,先用干布擦去表面多余的渗透液,然后用蘸有清洁剂的无绒布擦拭。擦拭时应朝一个方向擦拭,不能往复擦拭。

5. 显像

将显像剂喷涂于焊板的受检表面,喷涂时喷嘴距被检工件表面一般以 300 ~ 400 mm 为宜,喷洒方向与受检表面夹角为 30° ~ 40°,以形成薄而均匀的显像层,显像剂层厚度以 0.05 ~ 0.07 mm 为宜,应覆盖工件底色。

6. 观察检测

显像结束后,应在白光下进行观测,必要时,可用 5 ~ 10 倍放大镜观测。

【安全及注意事项】

(1)使用前应认真阅读实验指导书,分辨清不同着色剂的功能和使用次序后方可开始实验;

(2)进行本实验应佩戴口罩、护目镜;

(3)实验完毕后清理打扫干净现场。

【实验结果处理与分析】

1. 实验数据的记录与分析

(1)将着色渗透探伤缺陷实验数据记录于表 7 - 3 中。

表 7 - 3 着色渗透探伤实验数据记录表

缺 陷	缺陷位置/mm				缺陷长度
	X_1	Y_1	X_2	Y_2	
1					
2					
3					
4					

(2)根据有关的标准和规范或技术文件进行质量评估,结合焊接工艺,对缺陷进行简要分析。

2. 对缺陷的处理

根据相关的检测标准,对检测到的缺陷进行评级,并在图 7 - 7 中标出缺陷位置。

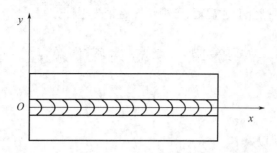

图 7-7　探伤用焊板及缺陷定位用参考坐标系

【实验问题与讨论】

（1）试分析对接焊缝进行着色渗透探伤时，渗透时间和显像时间的长短对缺陷的检测有何影响？

（2）试分析和讨论如何区分真实缺陷和伪缺陷？

（3）本次实验的感受是什么，对该实验有何建议？

【实验报告撰写要求】

实验报告是整个实验完成情况、学生实验技能和数据处理能力的集中表现。为规范实验报告的写作，制定其撰写标准。

（1）填写实验报告必须使用学校专用的实验报告纸。

（2）报告的所有内容必须用钢笔、签字笔等墨水笔填写。

（3）一份独立完整的实验报告必须包括以下几部分内容：

①实验编号及题目；

②填写实验报告的日期，实验者专业、年级、班级、学号、姓名，合作者姓名等；

③实验目的；

④仪器用具，注明所有实验仪器的名称、型号、测量范围及精度；

⑤实验原理，包括实验中采用的仪器设备的工作原理、实验方法、相关理论；

⑥内容及步骤；

⑦安全注意事项；

⑧实验结果及数据处理，包括数据处理过程及所有的实验测量结果；

⑨问题及讨论，对实验结果进行分析讨论，讨论影响实验不确定度的因素及改进方法，并完成教材中的思考题；

⑩参考文献，如实验报告中用到原始记录以外的数据，或教材中没有涉及的内容，就必须注明其来源或参考文献。

（4）物理量与单位采用国际单位制。

（5）作图必须用铅笔在白版纸上手工绘制。

（6）表格采用三线表。

（7）每份实验报告应单独装订成册，每页须标明页码。装订时应把有指导教师签名的预习报告和原始数据附在正式报告之后。

（8）实验报告都必须独立完成。

(9)若实验报告不符合上述规范,可视情况将报告退回重写。

实验 14　磁粉法探伤实验

【实验类型】

综合性实验(2 学时)。

【实验目的】

(1)了解磁粉探伤仪使用方法;
(2)熟悉焊缝磁粉检测的相关标准;
(3)掌握平板对接焊缝的旋转磁粉探伤方法的缺陷的评定方法。

【实验原理】

1.漏磁场的形成

漏磁场的成因在于磁导率的突变。如果被磁化的工件上存在缺陷,由于缺陷内物质的磁导率一般远低于铁磁性材料的磁导率,因此造成缺陷附近的磁力线弯曲或压缩,离开或进入物体表面形成漏磁场。如果该缺陷位于工件表面或近表面,则部分磁力线就会在缺陷处溢出工件表面进入空气,绕过缺陷后再折回工件,由此形成漏磁场。工件表面漏磁场示意图如图 7-8 所示。

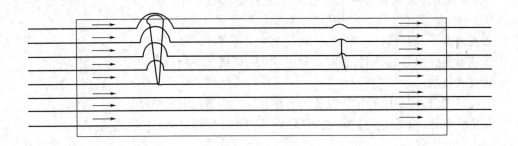

图 7-8　工件表面漏磁场示意图

2.磁粉探伤的原理

磁粉探伤的基础是缺陷的漏磁场与外加磁粉的相互作用。通过磁粉的聚集来显示被检测工件表面出现的漏磁场,再根据磁粉的聚集形成磁痕的形状和位置来分析漏磁场的成因并评价缺陷。若在被检测工件表面上有漏磁场的存在,如果在漏磁场处撒上磁导率很高的磁粉,因为磁力线穿过磁粉比穿过空气更容易,所以磁粉会被该处的漏磁场所吸附,被磁化后磁粉沿缺陷漏磁场的磁力线排列。在漏磁场力的作用下,磁粉向磁力线最密集处移动,最终被吸附在缺陷上,缺陷的漏磁场与磁粉的吸附如图 7-9 所示。通过分析磁痕的形状和大小来判断缺陷的形状和大小,此即为磁粉探伤的基本原理。

本探伤方法常用的标准有《承压设备无损检测:磁粉检测》JB/T4730.4—2005,本标准适用于铁磁性材料制承压设备的原材料、零部件和焊接接头表面、近表面缺陷的检测,不适

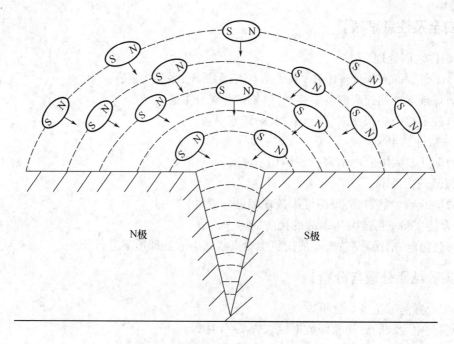

N极　　　　　　　　　　　S极

图 7 – 9　缺陷的漏磁场与磁粉的吸附

用于奥氏体不锈钢和其他非铁磁性材料的检测。

【**实验设备及材料**】

1. 实验设备

（1）旋转磁粉探伤仪；

（2）磁粉（或磁粉膏）。

2. 实验材料

具有人工缺陷的钢板对接焊缝试样（材质可选用 20 号钢或其他低碳钢）。

【**实验内容及步骤**】

（1）了解被检测工件的材质、焊接时所采用的坡口形式、焊接方法及过程,熟悉实验过程所使用的标准内容。

（2）工件表面预处理,即采用打磨机或砂纸清除掉工件表面的油漆或锈迹等,使待检测工件表面平整光滑以使探头和工件表面能良好接触。

（3）将电源电缆的插头插入仪器电源插座,并接通电源。

（4）磁粉膏充分溶于适量水,搅拌均匀后形成磁性溶液,装入喷洒壶待用。

（5）使探头和被检测工件表面接触良好,用喷水壶向两磁头间喷洒少许磁性溶液,按下充磁按钮,充磁指示灯亮,表示工件在磁化。

（6）沿工件表面拖动磁头,重复上述方法,行进一段距离后,用放大镜在工件表面仔细检查,寻找是否有磁痕堆积,进而进行缺陷评判。

【安全及注意事项】

1. 工件表面处理

(1)工件表面必须处理干净,保证无毛刺、无锈斑,平整光滑;

(2)保证工件和探头的良好接触,磁粉膏药充分溶解;

(3)磁痕检查必须仔细,防止错判、漏判或误判。

2. 一般注意事项

(1)防止高频电磁场伤害;

(2)佩戴护目镜;

(3)防止粉尘危害,必须保证焊接现场良好通风。

3. 焊接实验室可能发生事故的预防措施

火灾、触电、割伤等事故,必须按照实验室紧急事故处理预案进行处理。

【实验结果处理与分析】

1. 实验数据的记录与分析

将实验中读取的磁粉探伤数据填入表7-4中。

表7-4 磁粉探伤缺陷记录表

缺 陷	缺陷位置/mm				缺陷长度	缺陷种类
	X_1	Y_1	X_2	Y_2		
1						
2						
3						
4						

2. 缺陷分析

根据焊接工艺参数与对缺陷的观察,确定缺陷的种类,并分析其产生原因。

3. 对缺陷的处理

将探测到的缺陷对照标准进行评级,并在图7-10上标出缺陷位置。

【实验问题与讨论】

(1)磁粉探伤的原理是什么?

(2)试分析讨论对焊缝进行磁粉探伤时如何正确选择磁化方式和磁化电流大小?

【实验报告撰写要求】

实验报告是整个实验完成情况、学生实验技能和数据处理能力的集中表现。为规范实验报告的写作,制定其撰写标准。

(1)填写实验报告必须使用学校专用的实验报告纸。

(2)报告的所有内容必须用钢笔、签字笔等墨水笔填写。

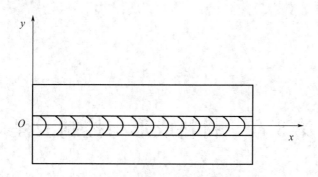

图7-10 探伤用焊板及缺陷定位用参考坐标系

(3)一份独立完整的实验报告必须包括以下几部分内容:

①实验编号及题目;

②填写实验报告的日期,实验者专业、年级、班级、学号、姓名,合作者姓名等;

③实验目的;

④仪器用具,注明所有实验仪器的名称、型号、测量范围及精度;

⑤实验原理,包括实验中采用的仪器设备的工作原理、实验方法、相关理论;

⑥内容及步骤;

⑦安全注意事项;

⑧实验结果及数据处理,包括数据处理过程及所有的实验测量结果;

⑨问题及讨论,对实验结果进行分析讨论,讨论影响实验不确定度的因素及改进方法,并完成教材中的思考题;

⑩参考文献,如实验报告中用到原始记录以外的数据,或教材中没有涉及的内容,就必须注明其来源或参考文献。

(4)物理量与单位采用国际单位制。

(5)作图必须用铅笔在白版纸上手工绘制或将显微镜所记录图片彩色打印。

(6)表格采用三线表。

(7)每份实验报告应单独装订成册,每页须标明页码。装订时应把有指导教师签名的预习报告和原始数据附在正式报告之后。

(8)实验报告都必须独立完成。

(9)若实验报告不符合上述规范,可视情况将报告退回重写。

第8章 材料成形与控制工程

实验 15 焊缝金属中扩散氢测定实验

【实验类型】

验证性实验(2 学时)。

【实验目的】

(1)了解影响焊缝金属中扩散氢的影响因素;

(2)掌握甘油法测定扩散氢的含量;

(3)掌握手工电弧焊工艺参数与焊条类别对扩散氢含量的影响规律。

【实验原理】

1.焊接金属中扩散氢的作用机理

焊接冷却速度很快,液态金属所拥有的氢只有一部分能在熔池凝固过程中逸出,还有一部分氢来不及逸出而被留在固态焊缝金属中——称之为焊接金属中扩散氢。在焊接接头里,大部分氢以 H 或 H^+ 形式存在,并与焊缝金属形成间隙固溶体。氢原子或氢离子的半径很小,在金属晶格中移动所受阻力小。扩散氢聚集到晶格缺陷,显微裂纹和非金属夹渣物边缘的空隙中,并结合成氢分子,因其半径大扩散困难故称之为残余氢。在一定条件下两者可以相互转换。

金属内部的缺陷提供了潜在的裂纹源,在应力的作用下,这些显微缺陷的前端形成了三向应力区,诱使氢向该处扩散并聚集,应力随之提高,如图 8-1 所示。

焊接接头中扩散氢的浓度达到或超过一定数值时,不但提高内应力,而且阻碍位错移动而使该处变脆,降低焊接结构的综合力学性能。当扩散氢的浓度达到临界值时,就发生启裂和裂纹扩展,扩展后的裂纹尖端又会形成新的三向应力区。氢不断地向新的三向应力区扩散达到临界浓度时又发生了新的裂纹扩展。周而复始不断进行,直至成为宏观裂纹。由于启裂、裂纹扩展过程都伴随有氢的扩散,而氢的扩散需要一段时间,因此这种冷裂纹具有延迟特征。

材料淬硬倾向越大,越易形成淬硬组织,因而促进延迟裂纹的形成。同时焊接接头所在位置的应力状态对延迟裂纹形成也具有决定性作用。

焊接时,氢主要来源于焊接材料中的水分及其他含氢物资,电弧周围空气中的水蒸气和母材坡口表面上的锈蚀与油污等杂质。不同的焊接方法,氢向金属中溶解的途径基本相

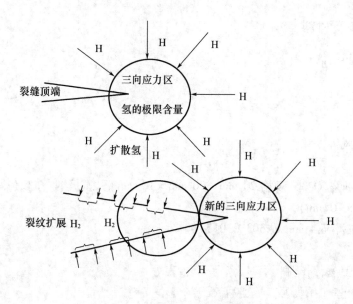

图 8 -1 氢致裂纹扩展过程

同。以手工电弧焊为例,氢主要通过气相与液相金属的界面以原子或质子的形式被吸附后溶入金属中两个途径进入焊缝金属中,以及通过熔渣层以扩散形式溶入金属中。

2. 焊接金属中扩散氢扩散氢的测定方法

《熔敷金属中扩散氢测定方法》(GB/T3965—1995)中规定了用甘油置换法、气相色谱法及水银置换法测定熔敷金属中扩散氢含量的方法。标准甘油置换法、气相色谱法适用于焊条电弧焊、埋弧焊和气体保护焊。焊接过程中,焊缝熔敷金属中扩散氢含量是产生延迟裂纹的主要因素之一,所有其扩散氢含量的测定是评价焊缝质量的主要指标。

焊接金属扩散氢(H_{DM})的计算公式为熔敷金属扩散氢(H_{DM})的计算

$$H_{DM} = \frac{H_{GL} + 1.73}{0.79}(H_{GL} > \frac{2 \text{ mL}}{100 \text{ g}}) \tag{8-1}$$

式中 H_{DM}——熔敷金属扩散氢含量(甘油法测定值换算成气相色谱法测定值时每 100 g 氢的含量),mL;

H_{GL}——甘油置换法测定的每 100 g 熔敷金属扩散氢含量,mL;

$$H_{GL} = V_G = \frac{PVT_G}{P_GWT} \times 100 \tag{8-2}$$

式中 V_G——收集的气体体积换算成标准状态下每 100 g 熔敷金属中气体的体积数,mL;

V——收集的气体体积数,mL;

W——熔敷金属质量(焊后焊件质量 - 焊前焊件质量),g,精确到 0.01 g;

T_G——273,K;

T——(273 + t),K;

t——恒温收集箱中温度,℃;

P_G——101,kPa;

P——实验室气压,kPa;

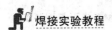

【实验设备及材料】

（1）扩散氢测定仪；

（2）电焊机；

（3）高温烘干箱；

（4）托盘天平；

（5）手持吹风机；

（6）焊接夹具；

（7）试件、（推荐 Q235，规格 20 mm×70 mm×10 mm）引弧板、收弧板（推荐 Q235，规格 20 mm×40 mm×10 mm）；

（8）焊条（推荐 ϕ4 mm E4303 E5015）；

（9）水槽；

（10）焊锤、手锤、钢丝刷、手钳、瓷盘、电秒表等；

（11）无水乙醇、丙酮、丙三醇、脱脂棉若干。

【实验内容及步骤】

焊缝金属中扩散氢测定

《熔敷金属中扩散氢测定方法》（GB/T3965—1995）中规定了用甘油置换法所采用的试样尺寸，试样及引弧板、熄弧板尺寸如表 8-1 所示。

表 8-1　试样及引弧板、熄弧板尺寸

焊接方法	试样尺寸			引弧板、熄弧板尺寸			测定方法	排列顺序
	厚 T/mm	宽 W/mm	长 L/mm	厚 T/mm	宽 W/mm	长 L/mm		
焊条电弧焊	12	25	100	12	25	45	甘油置换法	引弧板 试样 熄弧板
埋弧焊	12	25	100	12	25	150		
气体保护焊	12	25	100	12	25	45		

（1）将试样放置烘干箱250 ℃±10 ℃内6~8 h进行去氢处理，然后用钢丝刷和砂布除锈，乙醇去水，丙酮去油；

（2）吹干后对试样称重 W_0（精确到 0.01 g）；

（3）按照预设焊接参数施焊，焊接结束后水冷10 s，乙醇去水，丙酮去油；

（4）吹干后对试样称重 W_1（精确到 0.01 g）。$W = W_1 - W_0$ 将制备好的试样放入已经充满甘油的收集器内，从试样焊完到放入收集器内应在90 s内完成。收集器内甘油必须保持在 45 ℃±1 ℃；

（5）72 h后将吸附在收集器管壁上的气泡收集上去，准确读取气体量 V。根据式（8-

74

2) 计算。

【安全及注意事项】

1. 一般注意事项

(1) 防止高频电磁场伤害，不采用高频稳弧，不频繁引弧；

(2) 防止紫外线辐射伤害，焊前检查护具完整性；

(3) 防止低熔点重金属蒸气和焊接粉尘危害，必须保证焊接现场良好通风；

(4) 防止高频灼伤，不仅要保证焊接操作者呼吸空气清洁卫生，而且必须保证焊接现场良好通风；

(5) 防止弧光灼伤，一要焊前检查护具完整性，二要选择相应黑度的护目镜片。

2. 焊接实验室可能发生事故的预防措施

火灾、触电、烧伤、烫伤、弧光伤害等事故，必须按照实验室紧急事故处理预案进行处理。

【实验结果处理与分析】

将焊缝金属中扩散氢测定的相关数据记录在表 8 – 2 中。

表 8 – 2　扩散氢测定实验数据及结果

试样编号	W_0/g	W_1/g	焊接规范			实验条件		焊完至入仪器时间/s	实验室气压/kPa	收集的气体体积数/mL	每 100 g 熔敷金属扩散氢含量/mL
			焊接电流/A	焊接电压/V	焊接速度/(mm/min)	焊接方法	前期处理状况				
1											
2											
3											
4											
5											
6											
7											
8											

【实验问题与讨论】

(1) 甘油置换法测定的熔敷金属中扩散氢含量的精度、影响因素；

(2) 电流大小对扩散氢含量的影响；

(3) 从理论上分析 J422 和 J507 焊接后的焊缝扩散氢含量的差异。

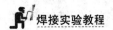

【实验报告撰写要求】

实验报告是整个实验完成情况、学生实验技能和数据处理能力的集中表现。为规范实验报告的写作,制定其撰写标准。

(1)填写实验报告必须使用学校专用的实验报告纸。

(2)报告的所有内容必须用钢笔、签字笔等墨水笔填写。

(3)一份独立完整的实验报告必须包括以下几部分内容:

①实验编号及题目;

②填写实验报告的日期,实验者专业、年级、班级、学号、姓名,合作者姓名等;

③实验目的;

④仪器用具,注明所有实验仪器的名称、型号、测量范围及精度;

⑤实验原理,包括实验中采用的仪器设备的工作原理、实验方法、相关理论;

⑥内容及步骤;

⑦安全注意事项;

⑧实验结果及数据处理,包括数据处理过程及所有的实验测量结果;

⑨问题及讨论,对实验结果进行分析讨论,讨论影响实验不确定度的因素及改进方法,并完成教材中的思考题;

⑩参考文献,如实验报告中用到原始记录以外的数据,或教材中没有涉及到的内容,就必须注明其来源或参考文献。

(4)物理量与单位采用国际单位制。

(5)作图必须用铅笔在白版纸上手工绘制。

(6)表格采用三线表。

(7)每份实验报告应单独装订成册,每页须标明页码。装订时应把有指导教师签名的预习报告和原始数据附在正式报告之后。

(8)实验报告都必须独立完成。

(9)若实验报告不符合上述规范,可视情况将报告退回重写。

第9章 材料工程基础

实验 16 焊接方法综合实验

【实验类型】

综合性实验(2 学时)。

【实验目的】

(1)掌握各种焊接方法基本特点及其典型设备；

(2)学习焊接方法和设备的选择。

【实验原理】

1. 焊接的原理

焊接是两种或两种以上同种或异种材料通过原子或分子之间的结合和扩散连接成一体的工艺过程。促使原子和分子之间产生结合和扩散的方法是加热或加压,或二者同时使用。焊接时,加压可以破坏被连接材料接触面的氧化膜,产生塑性变形以增加接触面积,达到提高焊接接头质量的目的。加压过程中其加热的温度和压力成反比。加热的目的是进一步使接触面紧密贴合,破坏氧化膜,降低塑性变形的阻力,增加原子振动能,促使再结晶,扩散和化学反应等过程,使原子间达到产生结合力和扩散力的条件(0.3~0.5 nm)直至形成达到一定质量要求的焊接接头。

2. 焊接方法的优点

随着现代工业的高速发展和焊接技术的不断进步,焊接作为一种材料加工技术在焊接结构生产中的位置日益突出。焊接在机械制造中是一种十分重要的加工工艺。其在焊接结构生产中得到如此广泛的应用和迅速发展是由于它具有与现代工业发展相适应的优点。

(1)焊接可以将不同形状、不同种类的金属(甚至如陶瓷等个别非金属)连接在一起。使每种材料都能各得其所。减轻构件质量,降低材料消耗,有利于控制生产成本。

(2)由于焊接中采用焊缝的等强度和等成分原则,可将大部分零件直接连接,无需过渡。

(3)焊接连接是原子间的连接,刚度大,整体性好,同时容易保证焊接构件的气密性和水密性。

(4)对应于同样使用性能的结构,焊接设备的投入少,同时焊接设备适用范围广,其功能可支持多种焊接结构生产。

(5)在焊接结构生产中,由于焊接技术的采用,对于大型或超大型设备设计、生产可采用模块化设计,减少生产周期。

3. 焊接技术的发展

焊接技术的发展必须与焊接结构生产的各种方法、技术相融合,不断改善整个焊接结构生产过程的自动化,下面提供几项内容。

(1)材料预处理与备料工序的机械化、自动化。这不仅降低工序的劳动量、提高生产率,而且提高组焊零件的质量与装配精度,为整个生产流程实现自动化提供保障。

(2)不断扩大先进焊接工艺的使用范围,针对该生产流程研制专用焊接设备。促进生产流程的自动化,提高产品质量与生产率。

(3)采用先进的起重运输设备(如机械手),协调各生产流程节拍,降低生产周期,提高生产率。

(4)大量采用工件变位机械与焊接操作机械。

(5)注意采用胎夹具及各种辅助构件、工具(例如定位器、压夹器、装配台架)。

(6)计算机辅助设计、辅助加工与流程控制。只有完全采用计算机技术才能达到各种技术的完美结合,实现整个产品生产的高效率。

4. 焊接方法分类

为了在选择焊接方法中,实现准确、高效。在本书中对大部分现在工业领域使用的焊接方法进行了简单的分类。本焊接方法分类以工艺流程为依据,当然也有按能量、压力 – 温度、填充物等来进行分类。实际生产实践中选取哪种焊接方法应当具体情况具体分析。

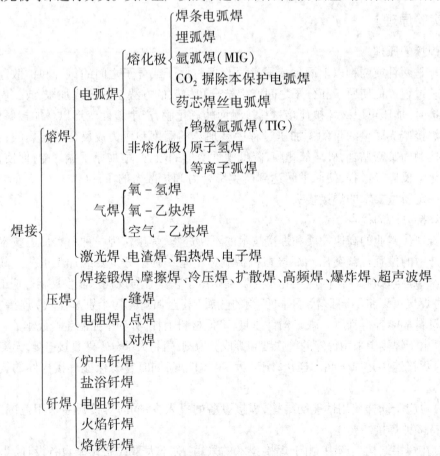

5. 焊接方法及原理

对于常用的焊接方法及其具体的原理、特点与使用范围如表9-1所示。

表9-1 焊接方法的原理、特点及适用范围

焊接方法			原理	特点	适用范围
熔焊	气焊		利用可燃气体与氧气混合燃烧的火焰熔化焊件和焊丝进行焊接	火焰温度和性质可调节,热量不够集中,热影响区比较宽,生产效率低	用于薄板结构和小焊件,可焊钢、铸铁、铝、铜及其合金、硬质合金等
	电弧焊	焊条电弧焊	利用焊条和焊件之间的电弧热熔化焊条和焊件进行手工焊接	机动、灵活、适应性强,可全位置焊接;设备简单耐用,维护费低;劳动强度大,焊接质量受人工技术水平影响,不稳定	在单件、小件生产和修理中最适用,可焊3 mm以上的低碳钢、不锈钢和铜、铝等金属,以及铸铁的焊补
		埋弧焊	利用焊丝和工件之间的电弧热熔化焊丝实现焊件机械化焊接,电弧被焊剂覆盖与外界隔离	焊丝的送进与移动依靠机械进行,生产效率高,焊接质量好且稳定,不能仰焊、立焊,劳动条件好	适于大批量生产中的长直和环形焊缝焊接,可焊碳钢、合金钢某些铜合金等中厚板结构,只能平焊、横焊、角焊
		气体保护焊 氩弧焊	用惰性气体保护电弧进行焊接。若用钨棒作电极,则为钨极氩弧焊,即(TIG)焊,若用焊丝作电极,为熔化极氩弧焊,即(MIG)焊	对电弧和焊接区保护充分,焊接质量好,表面无焊渣,热量集中热影响区小,明弧操作易实现自动焊接,焊接时需挡风	最适合焊接易氧化的铝、铜、钛及其合金,锆、钼、钽等稀有金属和不锈钢,耐热钢等,可焊接厚度0.5 mm以上
		气体保护焊 CO_2气体保护焊	用CO_2气体保护焊,用焊丝作电极的电弧简称CO_2焊	热量集中,热影响区小,变形小,成本低,生产率高,易操作,飞溅较大,焊缝成形不够美观,设备较复杂,需避风	适合低合金钢、低碳钢制造的各种金属结构
压焊	电阻焊	点焊	工件在电极压紧下通电使之产生电阻热,将工件间接触面熔化形成熔核包覆于塑性环内形成焊点	工件需搭接,不需填充金属,用低电压大电流,生产率高、变形小,设备功率实现自动化,焊前要预处理	最适合焊接低碳钢的薄壁冲压结构,钢筋钢网等,也可焊铝镁及其合金,适于大批量生产

【实验设备及材料】

1. 实验设备

(1)弧焊电源;

(2)氧气、乙炔瓶及其附属设备;

(3)二氧化碳焊机;

(4)埋弧焊焊机;

(5)交直流氩弧焊机;

(6)对焊机。

2. 实验材料

(1)钢板 45 号,200 mm×200 mm×6 mm;

(2)铝板,200 mm×200 mm×3 mm;

(3)304 不锈钢板,200 mm×200 mm×3 mm;

(4)钢、铝、不锈钢焊丝若干;

(5)Q235 钢棒;

(6)45 号 1 mm 钢板。

【实验内容及步骤】

1. 手工电弧焊实验

(1)焊件采用 45 号钢板,尺寸 200 mm×200 mm×6 mm,钢丝刷和砂布除锈,丙酮去油,乙醇去水,吹干备用;

(2)焊条采用 J422,按照说明书进行处理;

(3)开启弧焊电源,根据预测焊件工艺施焊。

2. 氧乙炔气焊实验

(1)焊件采用 45 号钢板,尺寸 200 mm×200 mm×6 mm,钢丝刷和砂布除锈,丙酮去油,乙醇去水,吹干备用;

(2)焊丝成分与钢板材质相同,按照说明书进行处理;

(3)氧气、乙炔,根据预测焊件工艺施焊。

3. CO_2 气体保护焊实验

(1)焊件采用 45 号钢板,尺寸 200 mm×200 mm×6 mm,钢丝刷和砂布除锈,丙酮去油,乙醇去水,吹干备用;

(2)采用直径 $\phi=1.2$ mm,型号为 H08AMn2Si 的焊丝,按照说明书进行处理;

(3)开启弧焊电源,根据预测焊件工艺施焊。

4. 埋弧焊实验

(1)焊件采用 45 号钢板,尺寸 200 mm×200 mm×6 mm,钢丝刷和砂布除锈,丙酮去油,乙醇去水,吹干备用;

(2)采用直径 $\phi=3.2$ mm,型号为 H10Mn2 的焊丝,按照说明书进行处理;

(3)开启弧焊电源,根据预测焊件工艺施焊。

5. 氩弧焊实验

(1)焊件采用 45 号 1 mm 钢板,铝板 200 mm×200 mm×3 mm,304 不锈钢板,200 mm×

200 mm×3 mm 钢丝刷和砂布除锈,丙酮去油,乙醇去水,吹干备用;

(2)焊丝成分与钢板材质相同,按照说明书进行处理;

(3)开启弧焊电源,根据预测焊件工艺施焊(钢采用直流,铝采用交流,不锈钢采用直流)。

6.对焊实验

(1)焊件采用 $\phi 6$ mm,型号为 Q235 的钢棒,钢丝刷和砂布除锈,丙酮去油,乙醇去水,吹干备用。

(2)夹好试棒开启对焊电源,根据预测焊件工艺施焊。

【安全及注意事项】

1.一般注意事项

(1)防止高频电磁场伤害,不采用高频稳弧,不频繁引弧;

(2)防止紫外线辐射伤害,焊前检查护具完整性;

(3)防止低熔点重金属蒸气和焊接粉尘危害,必须保证焊接现场良好通风;

(4)防止高频灼伤,不仅要保证焊接操作者呼吸空气清洁卫生,而且必须保证焊接现场良好通风;

(5)防止弧光灼伤,一要焊前检查护具完整性,二要选择相应黑度的护目镜片。

2.焊接实验室可能发生事故的预防措施

火灾、触电、烧伤、烫伤、弧光伤害等事故,必须按照实验室紧急事故处理预案进行处理。

【实验问题与讨论】

(1)分析选定焊接方法的主要依据;

(2)分析铝板小于 1 mm 的焊接方法;

(3)讨论点焊飞溅产生的原因。

【实验报告撰写要求】

实验报告是整个实验完成情况、学生实验技能和数据处理能力的集中表现。为规范实验报告的写作,制定其撰写标准。

(1)填写实验报告必须使用学校专用的实验报告纸。

(2)报告的所有内容必须用钢笔、签字笔等墨水笔填写。

(3)一份独立完整的实验报告必须包括以下几部分内容:

①实验编号及题目;

②填写实验报告的日期,实验者专业、年级、班级、学号、姓名,合作者姓名等;

③实验目的;

④仪器用具,注明所有实验仪器的名称、型号、测量范围及精度;

⑤实验原理,包括实验中采用的仪器设备的工作原理、实验方法、相关理论;

⑥内容及步骤;

⑦安全注意事项;

⑧实验结果及数据处理,包括数据处理过程及所有的实验测量结果;

⑨问题及讨论,对实验结果进行分析讨论,讨论影响实验不确定度的因素及改进方法,并完成教材中的思考题;

⑩参考文献,如实验报告中用到原始记录以外的数据,或教材中没有涉及的内容,就必须注明其来源或参考文献。

(4)物理量与单位采用国际单位制。

(5)作图必须用铅笔在白版纸上手工绘制或将显微镜所记录图片彩色打印。

(6)表格采用三线表。

(7)每份实验报告应单独装订成册,每页须标明页码。装订时应把有指导教师签名的预习报告和原始数据附在正式报告之后。

(8)实验报告都必须独立完成。

(9)若实验报告不符合上述规范,可视情况将报告退回重写。

附 录 A

沈阳理工大学实验成绩评分细则

A.1 组成

(1)实验预习、回答提问占20%。

(2)实验操作能力及实验纪律占40%。

(3)实验报告占40%。

A.2 评分等级

考查课实验成绩分优、良、中、及格和不及格五个等级。考试课实验成绩为百分制。

(1)优:90分以上。

(2)良:80~89分。

(3)中:70~79分。

(4)及格:60~69分。

(5)不及格:59分以下。

A.3 评分标准

(1)优:实验预习、实验问题回答、实验纪律与操作技能优秀,实验报告书写工整,实验
数据整理与分析正确,小错误在2个以下。

(2)良:实验预习、实验问题回答、实验纪律与操作技能较好,实验报告书写工整,实验
数据整理与分析基本正确,原则性错误在1个以下。

(3)中:实验预习、实验问题回答、实验纪律与操作技能较好,实验报告书写工整,实验
数据整理与分析基本正确,原则性错误在2个以下。

(4)及格:实验预习、实验问题回答、实验纪律与操作技能较好,实验报告书写工整。验
数据整理与分析基本正确,原则性错误在3个以下。

(5)不及格:59分以下。

A.4 实验报告要求

具体要求如表A-1所示。

表 A-1 实验报告要求

实验成绩组成 评分等级	实验预习、回答提问占20%	实验操作能力及实验纪律占40%	实验报告占40%
优			

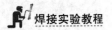

表 A −1(续)

实验成绩组成 评分等级	实验预习、回答提问 占20%	实验操作能力及实验纪 律占40%	实验报告占40%
良			
中			
及格			
不及格			

参考文献

［1］刘会杰. 焊接冶金与焊接性［M］. 北京:机械工业出版社,2011.

［2］中国机械工程学会焊接学会. 焊接手册:第 1、2、3 卷［M］. 3 版. 北京: 机械工业出版社, 2008.

［3］陈伯蠡. 焊接冶金原理［M］. 北京:清华大学出版社,1991.

［4］Howard B Cary. Modem Welding Technology［M］. Berlin:3th. AWS, 1989.

［5］傅积和. 焊接数据资料手册［M］. 北京:机械工业出版社,1994.

［6］Jeam Cornu. Advenced welding systems:3 TIG and related processes［M］. 北京:Spring – Varlag,1988.

［7］邹莱莲. 焊接理论及工艺基础［M］. 北京:北京航空航天大学出版社, 1992.

［8］中国机械工程学会焊接学会. 焊接手册:第 1 卷［M］. 3 版. 北京: 机械工业出版社,2008.

［9］李桓, 杨立军. 连接工艺［M］. 北京:高等教育出版社, 2010.

［10］余尚智. 焊接工艺人员手册［M］. 北京:Spring – Varlag,1988.

［11］张启运,庄鸿寿. 焊接手册［M］. 北京:机械工业出版社, 2008.

［12］赵熹华. 焊接检验［M］. 北京:机械工业出版社,2003.

［13］梁启涵. 焊接检验［M］. 北京:机械工业出版社,2002.

［14］国家机械质检司. 焊接质量的检验［M］. 北京:机械工业出版社,1990.

［15］李生田. 焊接机构现代无损检测技术［M］. 北京:机械工业出版社,2000.

［16］程方杰. 材料成型与控制实验教程［M］. 北京:冶金工业出版社,2011.

［17］周浩森. 焊接结构生产及装备［M］. 北京:机械工业出版社,1992.

［18］周玉生,张文明. 电弧焊［M］. 北京:机械工业出版社,1994.